景观的作法

Manners of Landscape Design

（日）
布野修司
著

胡惠琴
译

中国林业出版社

图书在版编目（CIP）数据

景观的作法 /（日）布野修司著；胡惠琴译. —— 北京：中国林业出版社，2019.7

ISBN 978—7—5038—9021—5

Ⅰ. ①景… Ⅱ. ①布… ②胡… Ⅲ. ①景观设计 Ⅳ. ① TU983

中国版本图书馆 CIP 数据核字 (2017) 第 114163 号

原 书 名：景観の作法（初版出版：2015 年 1 月）

著　　者：布野修司

原出版社：京都大学学術出版会

本书由布野修司授权我社独家翻译出版发行

责任编辑：吴　卉

封面设计：周周设计局

内文设计：吴　卉　　刘枝忠　　张　肖

出　　版：中国林业出版社（100009 北京西城区德内大街刘海胡同 7 号）
网　　址：http://lycb.forestry.gov.cn
电　　话：（010）83143552
发　　行：中国林业出版社
印　　刷：北京雅昌艺术印刷有限公司
版　　次：2019 年 9 月第 1 版
印　　次：2019 年 9 月第 1 次
开　　本：787mm × 1092mm　1/16
印　　张：17.25
字　　数：190 千字
定　　价：49.00 元

原著：ISBN 978—4—87698—869—3

版权合同登记号：01—2016—6041

目次

前　言

自那时（2011 年 3 月 11 日 14 时 46 分）起，岁月已流逝了很多。

然而受到东日本大地震所引发海啸灾害的地域，至今依然是一片荒漠的景象。特别是由于核电站事故导致放射性扩散的地域，时间就像被凝固了一般，纹丝不动。

这是“杀风景”的、风景被扼杀的状态。

能称得上动态的是沿太平洋海岸巨大的墙体开始徐徐立起，从山上掘下来的土石经由传送带（皮带运输机）送达，地基面不断被垫高，如不选择防洪堤，提高地基，向高处转移，或减少放射线能量，就不允许居住的规定，正催生着迄今我们从未见过的异样风景。

左右塑造风景的就是所谓的“制度”，也是本书要提出质疑的。

我想大声疾呼，灾区的风景逐渐遭受着二次抹杀，被扼杀的风景以及创造与之前不同的新风景的建议撕裂着灾民的身心，达成共识是需要时间的。其结果这个“杀风景”被保留下来。

这个“杀风景”会导致（创造）何种风景呢？

复苏原生态风景，重返昔日的生活，这是灾民的心愿。但是那么多人丧失了生命，进而是其十几倍的人群被迁移到临建区域或正在转移中，地域社会不可避免地发生着巨大改变。“被抹杀的”风景，不可能再原样复生。

大海啸所到之处，生态系统都发生了很大变动，海水退去后盐分仍旧残存，进而导致动植物生态发生变化。然而另一方面，也有新的自然生成的地区。以不应在已被毁灭的聚落实施保护为由，拒绝防洪堤等设施的建设，致使海岸上生出浅滩，多种生物开始生息，孕育着新的生态系统。

回顾人类的历史，有沉入海底的古代城市、有被火山灰掩埋的城市、有被洪水冲走的城市、也有被台风毁灭的城市等，由于天翻地覆的发展，风景为之一变的实例不胜枚举。构成风景的基础是自然，是地球的运动。尽管宇宙的年龄可以确定，地球的运动可以精确掌握，但地球每天都在发生着难以预料的事件。地球是生命体。

那么应该塑造怎样的风景？

塑造风景受益的是我们人类。城市是人类创造的人工物，通过对自然的改造，人类创造了自己的文明。有时我们亲手破坏了自己建造的东西，使景观面目皆非。战争也是这样。尤其是近代战争，空袭使城市瞬间沦为废墟。原子弹对广岛、长崎的袭击，更是超出极限的例子。1945 年，两座城市完全被“杀风景”化，之前，东京、大阪等日本的大都市也遭受了空袭，化为灰烬。

至此经过半个多世纪，日本回归国际社会，完成了高度增长，创造了新的风景，然而，这个风景在东日本大地震的受灾区瞬间消失殆尽。

就日本东北的大海啸而言，明治时期的大海啸（1896 年），昭和时期的大海啸（1933 年），智利地震引起的大海啸（1960 年），构成了东北三陆海岸反复经历海啸的历史。然而依赖于兼有地域振兴建设重任的防洪堤，不顾及这些经历。居民们坚守各自的土地，依附于海洋持续居住着，这是对过去大海啸经历的因应。尽管如此，2011 年三陆地方再次遭受致命的灾害。但是，此次所谓千年一遇的大灾害，不同于战后复兴以及高度增长为目标的半个世纪之前，走向少子化、老龄化的日本，以及被视为缩影的东北地区的复兴谈何容易。

还有“福岛”的风景，是日本社会甚至世界在历史上的初体验，是十分严峻的现实。

应该如何去战胜东日本大地震的“杀风景”。为思考这个问题，首先，要明确被日本大地震“扼杀”的风景是什么样的风景。在此基础上，有必要重新发问，重新创造的风景将是什么样的?

本书围绕日本的景观、风景，笔者作为建筑学、城市规划学的专家，以多年积淀的思考为基础，想就塑造风景的“作法（手法）”的方法论做一些探索。

在序章中，作为问题提出，呈现有基于某种手法大大改变风景的实例，例如，拆除所谓现代城市象征的高速公路，恢复原有风景的做法。在灾区发生了相反的情况，即倾注巨额资金修建巨大的防洪堤，使风景再次改变，这样可以吗？并由此引发的深层次思考。

“风景战争”（第1章），围绕着风景列举战争频发的具体实例。都是发生在身边的街区景观问题。“风景原理”（第2章）就“景观”是什么、“风景”是什么进行思考。想让大家确认景观为何与“世界”以及地球的存在相关联，如何与身边的环境息息相关。接下来在“风景作法”（第3章）中，思考了今后在营造景观时具体要做什么，对景观法也进行了解说。但关于“城镇建筑师”或“社区建筑师”的存在，某种职能的必要性是继《裸建筑师》（布野修司，2000）之后锲而不舍的探索。作为其重要的前提是人人都有可能成为建筑师。“作法”= 物的建造方法，原指日常行为举止的（礼法、礼仪）规矩。

最后，终章再次对复兴受灾地区的城市建设进行回顾性思考。因为在复兴城市建设的现场，去思考近身的景观手法，有着许多可实操的课题。

译者序

本书作者布野修司先生绕着日本的景观、风景，就塑造景观的方法论做了深入的探讨。作者在本书更多阐述的是文化的景观。“景观是自然和人为互相关系构成的生活文化现象”是作者的重要观点。本书的精彩之处是把日本列岛的景观的历史变迁分成若干个景观层来考察。作为景观基层的是成型于 18 世纪末至 19 世纪初的农耕风景；古代都城、里坊为第二景观层；文明开化，铁、玻璃、混凝土使日本的景观为之一变，呈现出产业化风景，为第三景观层；日本战后的现代化建筑奠定了日本第四景观层的有力的意识形态，国际样式泛滥、高层建筑林立，全盛期是 20 世纪 60 至 70 年代；后现代主义建筑是第五景观层，以及为解决地球环境问题，到处建有巨大的风车，屋顶铺满了太阳能板也大大改变了日本的景观。可以说文化景观也是历史景观，这一研究手法为景观研究提供了一个新视角。作者还进一步从地球景观层面、地域景观层面、城市景观层面、地区景观层面、景区景观层面等不同高度和尺度深入挖掘景观之于人类的意义和内涵。本书共分五章，分别论述风景再生、风景战争、风景原理、风景作法以及风景创生，全书紧扣核心问题全面展开，颇有教益。

北京工业大学

胡惠琴

Landscape Renovation

序章　风景再生

汉城：变化的风景
开城：冻结的风景
原朝鲜总督府的解体
清溪川的再生
汉城的革命

序章　风景再生

以东日本大地震受灾地区沿海岸构筑巨大防洪堤为关注焦点，在卷首中想回顾一个事例，被扼杀的风景产生于摧毁原生风景之后，是为了确认人们曾有过复苏之前被扼杀的风景的尝试。

韩国首都汉城（其中文名称在 2005 年 1 月 19 日正式由汉城改为首尔）有从东至西横贯其历史古都中心的清溪川，但其河流引起国际上的关注，是进入 21 世纪不久的事。清溪川上的高速公路被拆除，实现了河水净化的计划。又被称为“汉城革命”的清溪川的再生尝试，相对于日本列岛的沿海周围构筑巨大防洪堤的思路是完全相反的指向。

汉城：变化的风景

我第一次访问汉城是 1976 年，当时颁布了禁严令，即到 24 时便禁止外出。记得当时留宿在位于首尔中心街明洞的饭店，从房间窗户观望经常可以看到慌忙归宅的醉客。明洞是有活力且热闹非凡的商业街，当时并不知道清溪川的存在。

第二次访问是 1979 年，当时我悠闲地游览了景福宫、昌德宫等中心街区，在地铁照相时被警察拦住，表情严肃地要求我交出胶卷，情形颇为尴尬。

围绕领土问题，今天的日韩矛盾也十分敏感，当时日韩关系则更加严峻。因此，现在我对那个时候清溪川的记忆完全是空白，也因为清溪川被暗渠化是前一年（1978 年）的事情。不过这 30 多年间汉城的变化有目共睹。

朝鲜半岛的风景变化，可以上溯到 20 世纪初，与日本风景变化一起考虑有很深远的意义。因为朝鲜半岛的近代城市景观形成与“风景的日化”的文化输入有关。日本也好，朝鲜半岛也好，其城市景观受到西方舶来建筑、城市规划的影响，发生了很大变化，朝鲜半岛引入了被西化的日本风景，即经历了风景的西化和日化双重过程。

日本的殖民地时期的朝鲜半岛围绕着“风景的日化”，在《韩国近代城市景观的形成——日本人移住渔村和铁道城镇》（布野修司，韩三建，朴重信，赵圣民，2010）一书中进行了详细记述，在此不再赘述。

考虑“杀风景的日本”素材在日本侵占时代的朝鲜半岛也有，且易懂。即在其“本土固有的”风景中引入“异质的东西”历史的结果，现今的朝鲜半岛的风景已清楚地表达出来。

开城：冻结的风景

1995 年，我作为日本建筑学会访朝团的成员访问了朝鲜（5 月）之后，（7 月）应建筑师张世洋（1949—2002）[1] 之邀，参加了年轻建筑师的夏令营，在张世洋主持的以“空间社”为会场的三天的工作坊中，日程是各团队汇总对汉城中心部的建议，一起交流讨论，作为国外嘉宾，让我担任一个团队的指导。

记得 1995 年这一年，在日本发生了阪神淡路大地震（1 月 17 日），地铁沙林（毒气）事件（3 月 20 日）。而在韩国正值解放五十周年的节点，主张南北统一的韩国文化人士对永远原封保留三八线非武装地带（DMZ）[2] 就其正确与否展开了激烈的争论。

因为我去过朝鲜，在夏令营期间大家提出了各种各样的疑问，就朝鲜的最新状况用幻灯进行了讲演[3]。从主体思想塔眺望平壤，到未完工的柳京饭店都受到韩国建筑师的关注，但大家最感兴趣的是开城的街景（图 1）。由成片的韩屋黑色屋顶塑造的古色苍然的街景十分壮观。就像时间冻结在半世纪前的古都风景，真实地呈现在眼前，我想这当之无愧是属于世界文化遗产级别的。那以后，过了很久之后，正如当时所感受的那样，开城历史遗迹地区登录了世界文化遗产（2012 年）。

曾经高丽王朝的首都开城，实际上就位于距三八线很近的南部，因这里南北离散的家族最多而为人所熟知。由于不知停战线划到何处以及走向，而幸免于空袭。不过平壤由于美军、韩军的轰炸化为灰烬，后来在苏联式的社会主义规划下进行了重建。

经过 50 年城市建设的步伐，开城保留了古都原貌富有生气地延续至今。而将汉城和开城相比时，韩国人发出各种感慨是可想而知的，汉城与开城只隔一个板门店很有限的距离。

开城一直继承着堪称为精华的景观。而且至今保留着三八线的非武装地带，昔日自然风貌的保存和延续是由于有着划分南北这一残酷的历史背景。这是一个国土相连的历史培育的风景，被政治截然分开的典型实例。

原朝鲜总督府的解体

1995 年，对汉城的城市景观来说是一个巨大的转换之年。位于汉城中心的原朝鲜总督府（国立中央博物馆）以第二次世界大战结束 50 年为时间节点被解体，随即消失。前一年，报道说是被炸毁的，这一归宿引起了世人的关注。的确，虽然没有被炸毁，但是被视为殖民地时代的负遗产解体的。

图 1 登录世界文化遗产（2012 年）的朝鲜开城街景

盖尔・拉兰德(Georg de Lalande，1872—1914)[4]以及野村一郎(1868—1942)[5]、国枝博(1879—1943)[6]等设计的朝鲜总督府(1926年竣工)的确是杰作。占据了位于李氏朝鲜首都汉城中心的景福宫的正前方，基于风水学说的设计原理，位于轴线上，是日本帝国为切断大韩民国的命脉，在风水学说的要地(脉)像打入桩基般进行建造的，称之为“日帝(日本帝国主义)断脉学说”(关于风水在第2章详述)。两栋宫殿建筑(康宁殿、交泰殿)移向昌德宫，正门的光化门，幸免于解体，移建到东侧，这时，汉城的景观被极大地改变了。

面对其原朝鲜总督府被解体了(图2)。虽也有主张保留的日本建筑师，但无论多么优秀的杰作，也有被拆毁的可能，这是政治的正当性。

在原朝鲜总督府建设的问题上，由于民艺运动而知名的柳宗悦(1889—1961)[7]以及提倡民居研究及考现学而著闻名的今和次郎(1888—1973)[8]留下了批判光化门解体以及总督府的基地选址一文，这对日本人来说是一个拯救。免于移建之难的光化门复归原位，复原后的景福宫周围让人联想昔日的情景。

再生清溪川新的水源地，是从距景福宫不远的地方用泵将汉江水打上来的，风水上的祖山—北岳山作为景观焦点位于南北轴上，即景福宫的南面。

而且，其水源地以南，西侧有德寿宫，东侧对面有汉城的市政府。这个汉城的穿堂大街被李氏朝鲜王朝确定为中心地。自第三代太宗(1367—1422)[9]迁都时开始就是汉城的中心。而市政厅前广场确实是个小广场，但举行世界杯足球赛时，其作为公共观景场所以来，成为每次群集数十万人的韩国最大的国民象征的场所。

图 2 原朝鲜总督府的解体
a. 挡在景福宫前面的原朝鲜总督府；b. 解体中的原朝鲜总督府；c. 正立面；
d. 遗留的顶部构件；e. 穹顶；f.g. 全景

围绕着纪念性建筑及选址经常引发“风景战争”，以建筑式样，设计的象征性，景观象征的意义等为主要焦点。因为这些正是构成未来风景的重要元素。

清溪川的再生

清溪川以北是北岳山、仁王山，隔有汉江的南山，经由东侧骆山（骆驼山）分支的小河汇聚到向东流淌的河川。包含清字在内的名称让人联想到昔日，由于旱季的污染严重，反复遭遇洪水，因此从朝鲜时代初期就有着是否将其填埋的论证。了不起的是太宗，据说他认为填埋河流是违背大自然的天意，因此最终未果。经过治水、利水的艰苦奋斗，成为现在的清溪川的河床，始于第21代英祖（1724—1776）[10]的时代。

流过首都汉城中心的清溪川由来已久，对人们的生活具有很大意义自不用说，但是不难想象在日本统治时期，进而在独立后的城市发展过程中，其意义逐渐消失。日本统治时代提出过暗渠化，一部分被实施。之后在1958至1978年进行施工，全部暗渠化了。因此，清溪川变成收容上下水道、电气设备等城市基础设施的隧道。与此并行被建设的是清溪高速公路（1967—1976）。清溪川完好地象征了汉城城市发展的轨迹。

但是，暗渠建成后25年，主张复原、再生清溪川的是之后成为大韩民国总统（2008—2012）的市长李明博。

为什么要复原、再生清溪川，其目的、课题、问题点整理如以下七个方面[11]：

（1）城市管理的范式转型：从功能、效率到环境保护、保存的转型。实现生活的高质量，实现对人类、对环境亲切的城市。

（2）600 年历史和文化的复原：汉城的起源、原生态景观的再发现。

（3）安全问题的根本解决：难以修复的高速公路，严重的水质污染问题的处理。

（4）老街的活力化：清溪川周边城市再开发的促进。

不仅是考虑功能性，效率合理性，还有提倡环境保护、保留，把城市管理的范式转型放在第一位的项目目标，简明易懂，这不单是一个口号，从项目内容中可以充分体现出来。

而且复原 600 年的历史环境和景观为第二目标，也可在位于汉城历史文化的核心位置得到明确解读。可以认为是前述景福宫复原的后续项目。从景福宫到昌德宫（秘园）之间，有一个旧汉城的北村[12]，那里留下约 680 栋韩屋。

另一方面，实际上，有着指向清溪川环境再生的不得已的直接原因。清溪川的高速公路（从南山一号隧道至马场洞全长 5.8km）建成后经过 20 年，劣化明显（1991—1992 年调查），维修势在必行。在决定拆除高速公路的阶段，一时应急的维修改造，在经济上、物理上已经是根本敷衍不得的状态（图 3a、3b）。加之由于工厂排水，使得清溪川的铬、锰、铅等重金属的污染大大曝光，即由安全以及污染问题引发的。这是再生计划的第三个目标。

但是，并不是马上涉及拆除高速公路，废除暗渠的问题，莫大的损失和对过去失政的承认，而且决断更大的投资并非那么简单。我认为该项目真正的意图是第四个目标，即激活清溪川周边地区的活力。

清溪川周边，密集着不足 50 坪（1 坪≈ 3.3m^2）的建筑（6026 栋），摊位也很多（约 500 个）。清溪川的“再生”，是否能带动城市的“再生”，是今后展开该项目真正价值的关键所在。

清溪川再生的四个视角、目标梳理如上。在项目实施中还有更大的问题。拆除高速公路真的可行吗？交通问题不解决就是画饼充饥，也是要攻克的难关。

（5）城市交通体系的重组管理问题又浮现出来。这是拆除高速公路的前提。

在清溪高速公路拆除上，汉城市采纳的是增设迂回道路、整备停车场、引入单行道体系、实行周日限行制、增加公共交通工具的运输能力等多元措施。并开展公交出行，禁止非法停车的宣传。

在此次项目中，架设在清溪川上的22座桥中，7座为步行者专用，即可视为城市从依赖机动车转向步行的方向。

总之，清溪川的复原是以第五个目标：城市中心交通体系重组管理为前提的。清溪川的再生事业的成功与否在于其前提条件是否明朗化，并不是哪个城市都可以做到的（图3c）。

（6）清流再生。

此外，清溪川河流（流域面积61km^2，总长13.7km，宽20~85m）的再生也是一个大的课题。如清流不复苏项目就会断送。如前所述，清溪川在集中暴雨期有溢出的危险性（实际上2001年7月，市政厅周边中心遭受过洪水灾害），相反也有干旱期。内水处理的断面，即暴雨季节为处理雨水要充分考虑断面面积（按照200年一遇的概率推定为118mm/h），不能确保水量自足的清溪川的用水，使用以高度净水处理为前提的汉江水（12万t/日）及来自地铁的地下水（22000t/日）。这个条件也决定了项目的成败。没有汉江的存在，项目就无从谈起。就城市河川（平均水深 40cm ）而言，到处都配有微生物池、湿地、绿地、鱼道，旨在自然生态的再生，而且拆除解体工程发生的残渣物几乎都用于再循环（图 3d）。

（7）达成共识。

综上，将近 5.84km 长的清溪川需要周边居民（6 万个店铺，20 万人）达成共识。据说从 2002 年 7 月的规划发表至开工（2003 年 7 月 1 日），进行了将近 4000 次的访谈、说明会。在如此短的时间内达成共识是令人吃惊的。当然，由于工程带来的不便的补偿，贷款的支援，对搬迁诉求者和摊店商的应对等事宜，采取了细致的具体对策。达成共识是项目的前提，对汉城市民来说，是很重要的经历。市民一棵一棵植树形成的“汉城的森林”（2005 年 6 月开园）实现市民参与型公园的建设与这次的经历也不无关联。对行政当局来说，实现真正的“居民参加”“市民参加”是最大的目标，尽管如此，项目担当者对这项事业投入的能量超出了想象。

汉城的革命

以上 7 个目标、课题、问题点，不光是汉城一个城市的，对世界各地的城市，特别是历史的古都都是共通的。因此清溪河再生事业的成功这一具有冲击性的新闻远播世界。

一直在主抓清溪河再生事业的汉城市住宅局长许焕受邀到国际研讨会[13]（2006），因此我有机会倾听详细介绍。据报告称 2003 年 1 月和 2006 年 3 月进行的项目前后的影响评价结果如下：

交通速度早高峰时为 17~18km/h，晚高峰时为 12km/h，与项目实施前相比至少没有恶化。流入流出车辆数是汉城整体

图 3 清溪川相关图片（照片提供：许瑛）
a. 清溪川旧貌；b. 被拆除的清溪高速公路

图 3 清溪川相关图片（照片提供：许瑛）
c. 清溪川再生方案；d. 暗渠；e. 清溪川再生

的数字，从 156 万辆减至 127 万辆（清溪隧道 65810 辆）超出了减少 10 万辆以上的目标，中心商务区的地铁乘客增加了 13.7%。报告还称周边居民没有大的排斥，反而步行者和商店的顾客增加了。

交通流量减少，环境也会大大改善，这是不言而喻的。大气中的二氧化氮（NO_2）浓度从 69.7ppm 减至 46.0ppm（减少 34%）。随之水质（BOD，生化需氧量）也从 100~250ppm 减至 1~2ppm，可以说河流真正得到复苏。噪音分贝也减少了。沿河岸创出了拔风的风道。7 月的气温仅一天的测定，清溪川街区一侧（36℃）与河边一侧（28℃）相差 8℃。环境的改善，不用指标测量也一目了然。大气、水质、噪音、臭气、日光、风等在舆论调查上也判定为八成得到改善。

据说自然生态环境也得到极大改善。生物多样性，是环境评价的重要指标。鱼的种类从 3 种增加到 14 种，鸟类增加到 18 种，昆虫从 7 种增加到 41 种。

清溪川再生事业，应该学习的地方很多，例如，项目管理方面，达成共识的进度是项目负责人值得骄傲的地方。的确，在令人吃惊的短期内使项目得以实施值得钦佩。这种强烈的自上而下的方式和达成共识的手法值得效法和讨论。对比来看，花费很长的时间，理念也好，空间也好，结果半途而废了，这就是日本的城市再开发。看看东日本大地震的复兴规划的迟滞步伐，日本严重缺乏达成共识的机制，很令人遗憾。

并不是越快越好。我想值得评价的是事业的综合性。清溪川再生事业自不待言，并不是单体的景观设计的先例，与都市的骨骼密切相关，包括基础设施，与历史、文化、环境的总体相关。在工程进展同时，架在清溪川上的李氏朝鲜时代的桥以及石材（图 3e）相继被发掘出来。清溪川的再生事业是与城市的起源，发祥的原点相关的。也是重新发现城市所依赖的自然的事业，这才是“城市再生”“地域再生”！

对清溪川再生事业的评价不是简单的，最终要交给后人去论证的。汉城的景观还要不断增加，今后的步伐，才能反映出其成败。东日本大地震的复兴规划，也应该在确认其地域的历史、文化、环境的起源、源头后方可起步，它标志着受灾地区复苏景观的成败。

首先，围绕着日本的风景，景观，回顾一下近年来的论争。

Landscape Wars

第一章　风景战争

1/ 东京
2/ 京都
3/ 宇治
4/ 松江

第一章　风景战争

有关风景的争论、纠纷，本书称之为“风景战争”。

大岛清的电影《东京战争战后秘话》首映是 1970 年，而围绕其电影中“风景战争”一词的使用让人记忆犹新。

实际上，最初的片名为《东京风景战争》，“留下遗书而去的男人的故事”是电影的副标题，因为遗书中连篇累牍地记述了东京的风景。

主人公的台词也多次提到“让人流泪的风景”“让人绊倒在那肮脏的风景中”。

这部以风景为题材的电影，揭示了“无论是中央还是地方，一味被均质化的风景”的现实，“高度经济增长的日本列岛，作为一个巨大城市，其越来越走向了均质化，这个趋势日益显露出来”（松田政男《风景的城市》，布野修司，1981）。

日本列岛各地都曾留下具有地方特色的丰富风景。但现今其风景完全变得和东京一样了（图 4）。风景的涂炭不亚于战灾。我想确认的是，东日本大地震（2011 年 3 月 11 日）之前这种大破坏已经在进行着。景观或风景的语言与土地、地域的状态密切相关（第 2 章“风景原理”详述）。直至二战前，日本的景观具有缓慢上溯至江户末期（1603—1867）的连续性。本书将日本列岛景观的历史变化大体分为 5 层来阐释（参照第 3 章“风景作法”）。从明治维新（1868 年）到昭和战前时期（1926—1989）形成的景观层作为日本的第 3 个景观层。日本列岛的原风景，即上溯到太古的自然景观作为基层（第 1 个景观层），人们安居乐业，形成稻作基础的是第 2 个景观层。然后引入西洋建

图 4 日本随处可见的住宅区风景

筑，与产业化进程相伴而生的是第3个景观层。第3个景观层骤变，发生巨大变化的是战后（1945 年），战后的风景形成第 4 个景观层，遭受阪神淡路大地震，东日本大地震的是第 5 个景观层。

日本景观第 4 层的顶峰，是 1960—1970 之间的 10 年，是日本的景观层从第 3 转到第 4 的过程，与过去叠加式的变化不同，如同连底层一起剥离掉那样，是一个脱胎换骨的转换过程。

1959 年自日本第一批预制（工业化）住宅（大和房屋的“简易小住宅”）[1] 诞生开始仅 10 年的时间，每年建造的住宅近 10% 是装配式住宅。20 世纪 60 年代之前完全不使用的铝合金门窗，10 年后的普及率达到 100%。与此并行，茅草屋顶的民居逐渐从日本消失，1960 年代是日本住宅史上最大的转折期。

要思考应创造什么样的风景，有必要基于这个历史重要的转折点。

我想首先就目前居住的街区卷入的似是而非的景观问题，即所谓“风景战争”问题的核心做一个回顾。

1/ 东京

2013 年 9 月决定东京将举办 2020 年奥运会。距 1964 年东京首次举办奥运会正好半个世纪，回顾一下二战后逐渐复兴起来的东京风景，发生彻底的改变是以 1964 年东京奥运会为契机的。

东京建设高架的高速公路（首都高速公路）是为了举办 1964 年东京奥运会，接着以霞关大厦（1965 年 3 月开工，1967 年 4 月封顶，1968 年 4 月开始运行）为开端，日本开始建设所谓超高层建筑是在 20 世纪 60 年代末，正好对应这本书所称日本第 4 个景观层，20 世纪 60 年代出现的首都东京风景。

日本桥：日本的脐

清溪川的冲击性新闻，立即震动了东京日本桥地区。时任首相小泉纯一郎在收到视察了竣工不久的清溪川再生项目的环境大臣小池百合子的报告后，提出高速公路下的日本桥周边的景观太过丑陋，建议拆除高速公路的意见，引来了媒体大肆宣传报道（2005 年 12 月）。拆除日本桥上的高速公路与清溪川再生项目一样，则要回溯到半个世纪前的景观。

1603 年（庆长八年）架设的被称作“日本桥”的这座桥，

就像日本的脐，完工第二年，被定为全国里程的原点，成为东海道，中仙道等 5 街道的起点。现在仍作为日本国道路的元标（道路起点的标志）在其桥旁。此外，在日本桥中央原点的上空，其元标以横跨高速公路的形式装置在上面（图 5）。

江户时代的日本桥，由于人流、物流的集散，呈现出繁荣盛况。日本桥下运河等河流交汇穿过，鱼、米、盐、木材等堆积在河岸，近江的商人、伊势的商人等大店铺鳞次栉比。各种批发店、金座、银座，还有市村座、中村座等戏棚（戏园子），游里（花街柳巷），吉原（银币制造厂）也聚集于此安营扎寨（图 6a）。

进入明治时代，日本桥仍为东京的中心。根据 1878 年的“郡区町村编制法”成为东京市十五区之一，日本桥区。以位于兜町的东京证券交易所为中心的证券公司；从室町到本石町，以日本银行为首的金融机关集中在这里，称为日本的华尔街。三越高岛屋、东急日本桥店等百货店沿中央大道排列；东京站八重洲口附近的地区，以及江户时代以来的批发店密集排布的地区，始终是日本经济的中心。

但是受到战争灾害的这一带沦为废墟后，从战后复兴到高度增长的过程中，东京开始急剧膨胀，发生了巨大变化，以 1964 年东京奥运会为契机的高速公路网的建设是其象征。东京的重心向西转移，新宿开始高层建筑林立。日本桥附近被高速公路填补的同时，也失去了日本的中心（脐）的地位。

目前的拱形石桥于 1911 年架设，长 49m，宽 27m（图 6b），由妻木赖黄（1859—1916）[2] 设计，出色的意匠获得很高评价。其以船运为主旨的意象在机动化万能的今天消失得无影无踪。

过去日本在现代化、西洋化过程中保留的象征性意象也不得

图 5 东京日本桥道路的元标

图 6 日本桥的风景变化
a.《熙代胜览》(1805 年)描绘的江户时代的日本桥；b. 现代的日本桥

不为高速公路等现代化道路让步。如果是处于河的上游，可以节省赎买土地的手续时间和费用，于是优先考虑了这些因素。

在日本桥附近，在清溪川再生项目之前有许多再生规划被论证。东京都政府 1994 年制定了“日本桥川再生整备规划”，作为长期的彻底的改革对策：主张①高速公路的地下化；②超高架化。

此外“东京都心的首都高速公路的规划委员会”（国土交通省东京都，首都高速公路公团）也提出（2002 年 4 月）日本桥附近的都心环线的再构筑方案，与几个地下化方案推出的同时提出高架方案。参与制定的有中村良夫、篠原修等土木建筑领域的景观工学大师。

大城市也喜欢自然，希望复苏往昔的景观，这种朴素的呼声越来越高。在民间“日本桥地域文艺复兴 100 年规划委员会”“日本桥保护会”等若干个街区建设团体持续展开活动，以综合上述组织的形式设置的“日本桥街道和景观保护恳谈会”展开了独自的方案设计竞赛，尝试了若干提案。

但是，事业并非容易自不用说。在日本桥河上架设的高速公路与沿清溪川的单线高速公路不同，有若干条线路交叉，因此在交通规划上作出替代方案困难重重。就像清溪川再生那样，不仅涉及景观，还有街区建设、提高防灾性、环境整备等问题，是各种课题交织的项目。实现它的工作流程包括制定日程、造价估算、建立地域协同体制等，要讨论的事情堆积如山，讨论与城市规划相关的法律制度也是必要的。为协调各种权力关系，有必要转让土地、确定建筑规模、容积率，协调其权属变更的作用、机制是关键。此外，地区内达成共识同样是决定因素。

日本桥项目宣传的目标是大力提倡从高度增长期的街区营造向高效的街区营造转型；从经济效率优先、机动车为中心的无序景观（过去）向尊重传统、文化、历史，有活力的空间营造（未来）转型。此外，宣言还称在新的街区营造上，日本桥是向全国普及的第一步——全国的城市再生、国土再生的里程碑。的确日本桥要作为日本新的脐再生的话，就会大大扭转日本城市景观的发展方向。

之后 10 年，东日本大地震不仅直接冲击了日本东北部地区也影响了东京。超高层建筑的摇动、庞大的无家可归者、计划性停电……暴露出首都东京赖以生存的基盘的脆弱性。

然后，确定了 2020 东京奥运会的举办。

成为主题的是首都东京的韧性化。例如，为 1964 年东京奥运会建设的高速公路网的维修、加固是当务之急。

正像东京 2020 年奥运会召集委员会宣传所言，最大限度利用既有设施，像 1964 年东京奥运会投入大量建造新设施的财力，今日的日本是没有的。

更何况还存在着东日本大地震灾区需要复兴的主要课题。就东京而言如果仅是既有城市结构的维修加固，那么人们会质疑这半个世纪都干了些什么？

决定举办东京 2020 年奥运会至少能影响到是否将日本桥上的高速公路拆除，有这样的动向。并不是将问题（留给后人）搁置下来，正像日本桥项目所主张的那样，是否能做到将日本桥作为日本的脐再生的机遇。

丸之内：美观的争论

东京站前的丸之内，从现在的新丸之内大厦向下俯视，可以看到新建的、与场地稍有不协调的、红茶色砖瓦建造的、富有魅力的东京海上大厦（现为东京海上日动大厦，图 7）。

领军日本现代建筑的建筑师前川国男（1905—1986）[3] 设计的东京海上大厦应为继霞关大厦先驱案例之后日本最初的超高层建筑。但发展过程远非仅此，当时围绕建设问题掀起了将当时执政者（首相佐藤荣作）卷入在内的大争论。

事件发端可追溯到 1963 年，这一年依据《建筑基准法》（1950 年制定）的前身——《市区土地建筑物法》（1919 年制定）等，废除战前长期规定的建筑限高为百尺（31m）的规定。31m 充其量为 10 层的建筑。如果是 10 层的建筑，今天在日本全国各城市林立也不稀奇，但是“超高层”就是要超出当初 31m 高度的建筑。在这个意义上，1963 年可以认为是日本的城市景观彻底被改变的一年。

第二年（1964 年）是东京奥运会举办之年，也是东京一新大阪之间开通新干线的元年。如上所述，东京以及日本以此时为界发生巨大变化。在东京奥运会兴奋度还未降温的 1965 年 1 月，接受委托的前川国男的方案是地上 32 层，高 130m 的“超高层”建筑。从限高走向限容积率 [4]，基于这一背景，由于超高层化，基地的 2/3 作为公共广场开放，并作为目标。这一手法基于之后的“综合设计制度”[5] 作为“公开空地”的先驱加以评价，如前所述，这一综合设计制度成为大大改变了业已形成的日本城市景观的动因。

方案整理成设计图集，1966 年 10 月履行建筑确认申请 [6] 手续之后引起了轰动，东京都作出判断“俯视皇居的大厦在美观上

图 7 位于丸大厦（左）和新丸大厦（右）中间的东京海上大厦

不被认可”，时任知事是美浓部亮吉（1904—1984）[7]。当时处于革新都政时代，上述背景下引发了争论——史称“美观争论”。这一事件的始末如下：

出于美观上的理由（设美观条例），东京都拒绝建筑认定，而《建筑基准法》上的手续在进行。1967 年 1 月，财团法人日本建筑中心的结构审查会（起初《建筑基准法》规定的特殊建筑的审查机关）结论认为结构承受力上没有障碍，不但通过了技术上的认可，而且法律手续齐全，但是东京都仍然拒绝给予建筑认定。业主“东京海上火灾”企业不服这个结论，向东京都建筑审查会提出审查申请，直到 9 月审查会才判决取消东京都的处理意见。

1967 年 10 月，根据结构审查会的报告，建设省大臣认可手续从东京都送到建设省。问题是从自治体移向国家，其间媒体对这一问题大肆渲染，并演化为国民的话题，以致演变成政治问题。时下的首相佐藤荣作发言道:“直接俯视皇居的大楼相当于‘不敬’，从国民感情来说也不合适。”实际上要求东京海上火灾企业对“超高层”大楼自慎自戒。

结果，标准层的平面设计没动，自主地减至地上 25 层，檐口高 100m 以下才得到了许可，这是 1970 年的事。1971 年 12 月开工的东京海上大厦，从规划开始历经 10 年，1974 年 3 月竣工。

除俯视皇宫的政治问题外，可以看出全国各地爆发的“风景战争”的构图几乎不无二致。即高层建筑的规划提案。都是通过反对高层化的宣传、条例的制定、合法与否的确认、降低高度（削减层数）等措施之后到最后落地的模式。

伴随东京海上大厦建设的美观争论，给建筑界留下芥蒂的是推进超高层建筑的一方有视为建筑界“良心”的前川国男的存在。

东京海上大厦的前身是 1918 年建造的 [曾祢中条 [8~9] 设计事务所，结构设计：内田祥三（1885—1972）[10]]。丸之内即江户城称为御曲轮内一带，明治以来除司法省、大审院、东京法院、警视厅等官厅以外，还设有陆军省、骑兵队、工兵队的兵营、操练场、东京府立劝工厂（辰之口劝工厂），其中陆军用地至 1890 年拍卖给三菱公司。对应日本桥“三井村”的称谓，称为“三菱之原”。

三菱公司自 1894 年以英国经济中心伦敦的伦巴第人街（伦敦金融中心）[11] 为模式，开始着手官公厅街的建设。至 1914 年，约西亚·肯德尔（G. Conder）设计的 1 号至 21 号红砖瓦结构的三菱馆建成。1914 年在东京站建造东京海上大厦之后，1923 年，丸大厦落成，丸之内一带被称为“一丁伦敦”（伦敦一条街），与日本桥对峙，作为日本商务街迅速发展起来（图 8）。

建在丸之内的大部分建筑，幸免于二战的灾祸。1952 年完成的新丸大厦为与之协调维持了百尺（31m）的建筑限高。

由视为日本现代城市规划起源的东京市区修订条例[12]（1888 年）可以想象，这个称为“一丁伦敦”的街景不断向东京中央市区扩展（图 58）。这个构想的世界逐渐被实现，本书把它作为日本的第 3 景观层。

图 8 称为“一丁伦敦”的三菱红砖建筑一条街 （照片提供：三菱地所）

前川国男主张的观点是与这个百尺高度划一的大厦景观不同的新景观秩序。之前作为模式的是美国大都市，特别是在纽约成为普遍做法的地上的地面尽可能充分采用，只有中央部为超高层，即所谓墓碑型的超高层。前川国男建议的通过超高层化，实现在地面上设公共广场（公开空地）的超高层模式惨遭挫败。

随着时代的推移，泡沫旺盛期间新宿副都心变成超高层林立的街区。在极力渲染的岸线开发中，要在丸之内一带兴建高200m 级别的超高层大楼约 60 栋。那时打出了“丸之内曼哈顿规划”旗号，所谓“曼哈顿规划”就是作为日本产业的中枢，命名纽约曼哈顿的国际金融中心，让人联想到打开原子弹研发的潘多拉盒的“曼哈顿计划”也是一种暗示。后因丸之内容积率的控制，未能奏效。

作为前川国男挫败的墓志铭，可以继续保留一点“一丁伦敦”记忆的丸之内也许不失为一种选择。但是对于容积率越是增加越可以牟取利润的黄金地带大业主而言，三菱地所没有这个选择。设公开空地，容积率为 13，如果复原保留历史建筑物就是 17，这样在街角就留下历史建造物作为超高层改造建筑。

名为“平凡的建筑”的优秀电视节目被（富山电视）推出，保护运动得以展开，视为日本的近代建筑杰作的丸之内南口遗留有吉田铁郎（1894—1956）[13] 设计的东京中央邮局，留下了下半截的外立面墙面，改建成超高层大厦（图 9）。另外，东京站也原样复原（2012 年竣工）。

丸之内被硕果仅存的历史建筑和超高层建筑群像气袋那样包围起来。第三个景观层出现的历史建筑被重新划分等级，或者拆除重建（死刑），或部分保留（缓期执行），或冷冻保存（标本化）。

图 9 只有正立面修复保存的东京中央邮局

这些作为历史的痕迹得以在脚下保留的同时，一味地向天空扩展空间。这就是日本的第 5 景观层。日本首都，东京的玄关入口，东京站周围的景观，如实地表现和反映出日本的景观问题和景观层。

国立公寓诉讼

2002 年年末，就东京都国立市高层公寓的高度的诉讼，东京地方法院认定居民的景观利益，命令公寓的一部分——超过 20m 的部分拆除。这是划时代的裁决，受到广泛的好评（图 10）。

1991 年笔者移居京都前，居住在国分寺的恋之漥一带。经常去国立市与柏木博（现武藏野美术大学教授）、高桥敏夫（现

图 10 国立市城市肌理和高层公寓
下图的右边，影响景观的巨大体量

早稻田大学教授）进行面对面的系列读书会，很令人怀念。目前，国分寺还保留有笔者居宅故偶尔去看看。武藏野仍保留着美丽的自然和景观。玉川上水道沿途的自然景观非常好，尤其是樱花季节林荫树的繁茂景色。

玉川上水道从羽村到四谷大木户约 40km；是 1653 年（承应二年）开通、1654 年由通往江户城的暗渠连接的江户上水道的生命线，18 世纪前半叶作为武藏野的新田开发的灌溉用水使用。

玉川上水道最终由于东京改良水道，于 1901 年被废止；暗渠直到 1945 年的淀桥净水场废止之前一直在使用。这个玉川上水道流淌着经过净水处理的地下水，这也是与清溪川再生项目相似的尝试。

但这并非在得知裁决的结果——即在高等法院的判决被地方法院的裁判所压倒后而写的，上述的裁判是划时代的，但同时前途叵测。这是一种直觉，在法律上有各种问题。例如，在《建筑基准法》上是条例优先，如满足《建筑基准法》，就能履行建筑确认的实例数不胜数。

日本的公寓纠纷可上溯自 20 世纪 60 年代至 70 年代初。由于高层公寓的建造，造成邻地的阴影，全国各地的纠纷事件频发，即所谓“日照权”纠纷。

实际上这个时期争议的不单是“日照”问题，可以认为今日所言的“景观”“环境”都包含在内。

由于新建公寓，居民迁入，邻里发生各种变化是不可避免的。实际上，不仅是日照，噪音、粉尘等问题，各种邻里关系都会成为问题。由于身边“环境”的变化，景观因此也会发生较大的改变，遭到附近居民的反对。“日照权”这一权利概念，作为维持健康、文化生活的权利容易被接收。因此以“日照权”为盾牌，附近居民阻止工程开工的事态时有发生。就连自治体也引发过由于没有努力达成协议，不给强行开工的公寓业主连接上水的骚动，业主纷纷提出诉讼。只要遵守《建筑基准法》，业主的理由就被认可是法律之道。

如反复叙述的那样，日本规定与建筑相关的最低限的法规是《建筑基准法》，这是继 1919 年（大正八年）制定的《市区土地建筑物法》之后在 1950 年制定的，经多次修订至今。迄今虽附加了复杂的规定，基本上是“用途地域（区划）制”和建筑密度（建筑面积 / 占地面积）“容积率”的限制。只要符合《建筑基准法》，如何建造建筑都是地权者的自由，据说像日本这般建筑自由的国家是绝无仅有的。

国家不得不处理频发的“日照权”纠纷。因考虑到近邻居民的反对也有其理由，决定附加对邻地确保一定量的日照的条件，修订了《建筑基准法》。要求设计者进行复杂的计算并做出日照分析图，只需对这一条件有明确的态度，建筑就能获得许可。此事告一段落。

但是，国立市公寓问题如上所述，不单是“日照”问题，今日的景观问题也是它的延续。

关于国立市公寓诉讼，地方法院裁判并没有承认“景观权”这一新的权利概念，裁判文如下：

“都市景观带来的附加价值……是伴随该地域内的地建者（开发商），地权者（业主）长久以来相互充分理解和团结及自我牺牲持续努力而做出的。自主享受这些有其特殊性。为维持这种都市景观带来的附加价值，该地域内的地建者全体成员有必要遵守前期的规范。假如地建者中一人违章建设，为追求自己的利益而进行土地利用，就会破坏之前统一构成的景观，与其他所有的地建者们处于前述附加价值被剥夺的关系中，该地域内的地建者们负有自律地行使自己财产权的责任，也要求其他地建者负有同样的责任。”

即作为对财产权的附加价值——城市景观的维持得到认同，此外，地建者们共同的持续努力和自我牺牲受到好评。

国立市有着持续保护街区景观的历史。通往位于南北中轴线上的大学城的步道桥设置曾经引起较大争论，因使用轮椅者和孩子也要过桥，对方案进行了折中。以协调这些居民关系为基础，这次公寓方案，也经历了重新制定地区规划及建筑限制的过程。国立市之所以先进是在不断进行诉讼，围绕着景观和环境权在法律概念上的争论中历练出来的。但是景观也好，环境也好仅作为资产权的附加价值提出问题，不得不说有先见之明。本书将在下一节阐述笔者所在的京都府宇治的经历，所到之处均遇到了同样的问题。

东京的美学

登上东京塔，或者从东京新都厅、新落成的新名胜东京天空树的展望台眺望东京的街道，就会感到世界各地的城市都差不多。但东京的景观看上去更杂然，与欧洲城市相比其差异显而易见。俯瞰日本桥也好，东京塔也好，都埋没在杂乱无章的高楼林立的风景中，不知身处何方。只有新宿御苑、明治神宫等的几块绿地保留下来。

这种无秩序状态，究竟是什么？

考虑东京景观时，作为比较对象，想起了常去的印尼雅加达，这两个城市的基础建设都是源于 17 世纪。雅加达的前身是巴达维亚，也有《雅加达的春天》[14] 那样坎坷的故事。江户（日本）和雅加达关系也很密切。实行锁国（河禁）政策的日本，唯一通过长崎出行联系的就是巴达维亚。

雅加达的人口现超过 1000 万人。如果算上称为 Jabotabek 的雅加达大城市圈的话，规模就更大了。东京也是一样，作为首都圈，加上神奈川、琦玉、千叶相邻的 3 个县，人口达 3000 万人，占日本人口的 1/4。

这两个亚洲大城市也被称为“巨大的村落”[15]，虽然的确很像，但是给人的印象却完全不同。

登上雅加达独立广场上的纪念塔，和东京一样眼下呈现出杂然的风景，但是很漂亮。理由很简单，红瓦屋顶的街景连成一片，城市整体呈红色调（图 11），在这片红色的街景中，不少绿地清晰可见。红色的街景下面是城市村落的世界（布野修司，1991），绝称不上富饶的木板房的世界。因为美丽并不是基于物质的丰富，大家都使用同样的爪哇岛的土烧制红瓦，仅此而已。而东京的俯瞰图景是各种颜色的屋顶混杂在一起呈白色噪音化（white—noise 许多频率不同但强度相等的混合杂音）。覆盖在雅加达的城市村落的红瓦是从荷兰带进来的，虽不能说是爪哇的，但完全变成了传统。甘榜（村落）的道路蜿蜒曲折，土地的形状也大小不一，整体看上去虽像无效基因，但红色屋顶覆盖整体，展示出一个整体世界。

芦原义信（1918—2003）[16] 关于东京的景观在《东京的美学——混沌和秩序》（1994）的序言中写道“……首都东京看上去确实很混沌，与其他国家的首都相比无论是城市规划还是城市景观很落后。”但是这篇文章是反语的发问，东京绝不是“混沌”的、“落后”的，混沌中有秩序，东京有东京的美学。

我听过芦原先生的建筑设计入门课，他并不是像稍微年长一些的丹下健三（1913—2005）[17] 那样走在时代前列的、光鲜的建筑师，而是作为脚踏实地的建筑师而知名，由其教授扎实的设计基础是幸运的。基本理论是“如何赋予混沌以秩序”，因此可以说“混沌中的秩序”“混沌的美学”是芦原建筑论的深化。

图 11 雅加达排布的红房子

《东京的美学》之前的《街道的美学》中，使用了 N 消极空间和 P 积极空间的概念。建筑师只关心建筑的 P 空间，但是重要的是建筑和建筑之间的（空白）缝隙（N 空间），这是他的观点，用消极空间和积极空间分析城市的视角，早在他的博士论文“关于建筑的外部空间的研究”（1961 年）中已反映出来。让城市图底黑白反转，即建筑为白色，缝隙、空地涂黑，就可以看出黑色的重要性。缝隙即城市的余白、中庭、广场、人们集聚的公共空间。这个缝隙是芦原重要的城市建设理论。《街景的美学》以及《续・街景的美学》展开的观点应是本书立足的前提。这两本书中展示有大量的案例，对优秀街道景观、舒适的城市空间进行评价和提出建议方案。

对此《东京的美学》主张“混沌的美学”。认为在东京或亚洲看上去混乱无序的城市环境中，在其生成过程中却存在某种“隐藏的秩序”“混沌的秩序”“无秩序中的秩序”的观点，与由N空间和P空间构成的城市概念不同，《街道的美学》是以西欧城市为前提架构的。但是《东京的美学》中，强调西欧城市和亚洲城市——东京有不同秩序的观点。实际上东京的景观比起欧洲更接近亚洲，例如，中心商店街、繁华街等张挂着写有汉字的招牌，香港、新加坡的中华街都很相似。此外在以木造住宅为主的特点上，东南亚诸城市有着共性。从这个意义上，考虑日本的景观时，不能把西欧的景观原封不动地作为范本。在第二章，围绕景观这一概念，以风景和生态圈为中心，对地球环境和景观进行了讨论，认为景观规划被地域的生态系统所束缚。在这个意义上，应以亚洲应有亚洲的，东京应有东京的景观美学作为前提。

问题是美学。《续·街景的美学》（芦原义信，1983）中援引了形态心理学，在《东京的美学》中触及“混沌”“经典几何学”诸理论。“不规则碎片”理论是针对把景观用一定的形状和样式来把握的景观论，试图用更有生命力的东西来把握景观给我们以启示。在视觉上容易分辨的是“无穷大曼德博分形学的集合”[18]，不断扩大其部分就会出现与整体相似的形，但它们相互之间都不一样（图12）。海岸线地形、树木等自然的、复杂的、多样的形也都是按一定的集合规则生成的，并暗示了可以记述的可能性。即细部中的秩序实际上会有多样的形态，或者简单的规则实际上生成出丰富的细部，并具体设定了这套系统。

在景观上是否直接应用 fractale（分形）理论不得而知，但

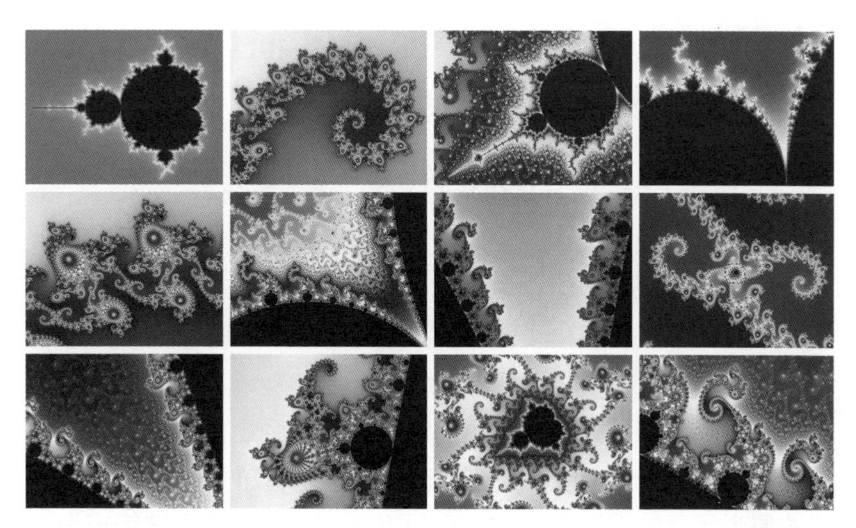

图 12 不规则碎片图形（曼德博集合）

由此暗示我们，基于一定规则的形状可以生成多样形状的机制，细部可以组装下去的城市规划手法。具体浮现在脑海中的是伊斯兰城市的形成原理。这方面在《莫卧儿城市——伊斯兰城市的空间变迁》（布野修司，山根周，2008）中详细叙述了景观形成的作法，即在第三章“风景作法”的最后叙述。

东京开拓地：新国立运动场问题

尽管如此，东京的景观就不能人为干预了吗？可以借鉴以2020年东京奥运会为目标改建的新国立运动场的设计规划过程，感觉从东京的景观这一观点出发，连围绕城市景观争论的平台都不成立。

与国立运动场相邻的东京体育馆，其设计者是著有优秀城市论著作的顶级建筑师槙文彦（1928—）[19]，指出“新国立运动场应放在神宫外苑的历史文脉中加以考虑”[20]，非常敏感地分析了问题发生在 2020 东京奥运会申办成功以前。

作为国立运动场方案有扎哈·哈迪德（1950—2016）[21] 的方案，就其规模而言，完全无视城市景观的作法，而且对神宫外苑的历史文脉视而不见，是完全不可以接受的。扎哈还表示，如果决定了在东京举办，“想提出新的程序运作方案”。

正如所说的那样，2020 东京奥运会申办成功后，槙文彦指出具体的问题点并开始行动，代表日本建筑师组织的日本建筑家协会（JIA）也支持他。但是事态并没有朝着矫正的方向发展。日本景观问题的根源在这里也凸显出来。其基地位于被指定为东京风致地区第一号的地区内，就是说作为日本的“风景战争”的象征，永远被记忆了。

关于新国立运动场的建设，在质疑东京景观以前就有国立运动场改建的决定，即其选址、规模、功能、维护管理、收支计划等程序的问题。之后有设计者和设计方案的选定，设计竞赛的过程问题。总之，事先将“超法规”作为前提，明显选定了违反客观条件的设计方案，规划和设计竞赛的运营都是杜撰的，选定的设计方案变更为惨不忍睹的外观形态（图 13）。

关于公共建筑的设计者选定问题，本章第 4 节“作为图的公共建筑”中的公开评审（审查）方式将会详述，就新国立运动场也应事先在公开场所进行多方向讨论，之后有必要对东京 2020 奥运会的这些舶来品进行思考。

东京以 1964 奥运会为契机，景观为之一变。那么面向 2020 奥运会，东京如何变化为好？至少在扎哈·哈迪德的新国

图 13 新国立竞技场的设计 a：扎哈·哈迪德的最优秀设计方案；b：实施设计方案（2014 年）
（照片提供：东京 2020 奥运会召集委员会、路透社）

立运动场的方案所象征的方向中看不到东京的未来。

20 世纪 80 年代末至 90 年代初的泡沫期，曾频繁地讨论过东京，当时的东京论大体分为 3 个方面，一个是怀旧的东京论，另一个是后现代的东京论；还有东京改造论。

怀旧的东京论怀念东京的过去，以回顾式的姿态出版有一系列书籍，《东京的空间人类学》（阵内秀信，1985）就是其代表作。以东京也有绿地、有水、有起伏的地形、有与自然一体化的城市生活等朴素的观点为基础。还有像《明治的东京规划》（藤森照信，1982），《日本近代城市规划史研究》（石田赖房，1987）等，均是表明近代城市东京从如何建成并走到今天的一系列著作。怀念“古老而美好”的战前东京，作为基调，首先有对城市生活成立的 20 世纪 20 年代东京的关心，有对明治时期的东京并上溯到江户的关心，《乱步与东京》（松山严，1984），是分析近代城市东京成立期光和影的杰作。

作为后现代的东京论，有一味热爱现代东京的一系列图书。面向泡沫，东京以国际金融城市为目标脱胎换骨，从世界各国集聚了金融资本，由于国际企业的进入，致使办公楼不足。而且世界各地市场在运作，东京成为 24 小时不眠的城市。而且实际上由于后现代的跋扈，眼花缭乱的狂躁卷入城市景观。“目前，东京在世界中是最有意思的”曾是后现代的东京论的口号。

支撑以上两个东京论的是东京改造论。二战后不久的东京，由于战灾处于近乎灭绝状态。从一张白纸状态，经历近半个世纪，建筑几乎覆盖整个平面是令人震惊的。与同样是大城市，走出一步的郊外，呈现出与城市街景截然不同的美丽田园风景的欧美城市相比，断断续续住宅区的延伸便是东京的郊外，但考虑到通勤时间，以及能源的供给，资源、粮食等问题，东京的蔓延是有极限的。强烈意识到东京已是超饱和的城市，其边界扩大的消亡是 20 世纪 80 年代后半叶。

东京改造有几个开拓方向，首先是向“空中”发展，看看都心，山手线国铁沿线内侧的建筑平均层数也就 3 层，上空还有容量。首先作为目标的是，都心留下的未使用的公有地，旧国铁的用地受到关注。对老化严重的老街区进行改造，这些再开发的象征是智慧之城(Ark Hills),以及转移至淀桥净水厂遗址的东京都新厅舍。与这些东京重心转移相对立，提出丸之内“曼哈顿计划”正是在这个时候，继智慧之城之后是六本木丘以及虎之门丘，都心大厦的开发，一以贯之参与的开发商是森大厦株式会社（图 14），可以说是富有实力的城市景观的形成者。

然后是“水边”（岸线）。东京原本是河边、海边的城市，靠水运支撑发展起来的。日本桥正是架设在其中心的桥。但是随着工业化的进程，水边被工厂、发电厂、港湾设施所占用。人与物资的移动变为以铁路等陆运方式为主，机动化时代到来了。人们的生活与水的关系的丧失是时代潮流。但是支撑东京的产业结构大大改变了，第二产业转向第三产业，市民大多数从事了服务

图 14 虎之门丘

行业。同时，建在水边的工厂等开始向别处转移。水边的工厂遗址用于产业结构的转变。水边的再开发先于东京的是伦敦的多克兰河等世界大城市。

此外“向地下发展”的项目也被提出，在东京都正中央建造数十万人居住的大规模地下城市，极不合理的方案也被讨论了。

结果认为怀念东京的自然，“古老而美好”的东京体现出的怀旧的东京论，以及一味地享受东京当下的后现代东京论，都被东京改造论所吞噬。之后泡沫经济破裂，名为“东京开拓”的东京城市博览会的终止，是其象征性事件。

之后，东京面临 2020 年奥运会，岸线再次进入人们的视野，寻求不断开拓的城市形态差不多该结束了吧，何况还有东北大地震复兴的课题。

巨型城市化：东京过度集中

2002 年 12 月，我应邀出席荷兰莱顿大学召开的以“亚洲巨型城市化——城市变化的决策者”为主题的国际学术研讨会，那时运河已封冻，天气十分寒冷，令我印象很深。

通过印尼城市研究课题所认识的长年知己，人类学教师 P · 纳斯以亚洲大城市为例，提出主导其变化的决赛者究竟是谁。就此话题，为进行比较，希望我就东京的现状做一个报告，比如对雅加达而言的苏哈托家族、对吉隆坡而言的敦马哈迪等，掌握强大实权且对城市走向具有影响力的特定个人。很难想象一个大城市由一个决策者主导其变化，但从某一个视角来看，主宰制度决定城市发展方向的情况是有的。我经过思考做了题为“未完成的东京项目——是破局还是再生”的报告，译成日文出版时书名改为

《东京：开发商与建设业者的乐园》（Funo，2005），内容是一样的。

但是仍然未能阻止全球的城市化浪潮，发达国家与发展中国家经济发展的从属结构产生了单一支配型城市[22]。现在这种单一型城市仍然如同变形虫那样一点点地吞蚀着农村地区而越发巨大化，手机和摩托车的普及是其中要因之一。地方城市与大城市紧密相连形成广域的城市圈，称为扩大城市圈[23]。如越南的河内、胡志明市周边，从新加坡到马来西亚的吉隆坡，以及前文提到的印尼雅加达大城市圈，逐渐成为巨型城市，远不是一个决策者可以控制的规模。

另一方面，日本社会正步入人口萎缩时代是显而易见的。在这种大潮流中越发加速发展的却是东京过度集中。

高举改革旗帜的小泉内阁在五年间（2001—2006）欲挽回泡沫经济破裂后“失去的 10 年”，设立了城市再生总部，相继推出综合设计制度等规制缓和政策。时任地方城市（宇治市）城市规划审议会会长的我的确很困惑，在不知所措时，只能自动实施与地方不相符的放宽限制。切实应解决的是地域再生，矫正东京的过度集中等问题。

乘坐新干线上京，总觉得从品川到东京站，与工程塔吊徐徐建设的场景有种不协调感，地方的不景气如同谎言一般。据说这里被指定为城市再生紧急整备地域。所谓城市再生，即经济复苏，是为此的结构改革、放宽限制，具体的是土地的流动化。

东京可以说不存在景观等问题，因为只是把容积率换算为钱，相关计算其流动性作为原理。如第 2 章所述，所谓景观是与“土地的形貌”有关的概念，土地是流动化的实态不在假定内。

当时城市再生对策的象征是 IT（信息技术）富豪们聚集的六本木丘。从附近的国际文化会馆的庭院看上去，六本木丘的确有威慑感。抵制开发压力，得以保存再生的国际文化会馆才符合城市再生的模式。2007 年日本建筑学会为国际文化会馆的再生（事业）项目颁发了业绩奖。

我于荷兰莱顿大学的研讨会上发言之后，其中一个评论员评述道，阿姆斯特丹等欧洲城市建设已经完结了，潜台词似乎是说欧洲城市很乏味，缺少日益变化的活力。的确，欧洲各城市有完成使命的趋向，许多城市虽然受到战争的洗礼，但基本恢复了历史的街景，也有原样复原昔日街景的布拉格那样的城市。

东京有完结的迹象吗？或者东京有消亡的迹象吗？城市并不是可以无限扩大下去的。考虑一下水、电气、煤气等能源、资源供给的问题，就不难理解了。再纵观一下世界上保留下来的古老城市并不多见，是持续扩大成长的城市，还是紧凑城市，或是拆拆建建的城市，还是循环的城市，争讨进入白热化。

回顾东京景观的形成历史，就是反复拆建的历史。戊辰战争、关东大地震、太平洋战争等震灾、战灾是决定性的。但 20 世纪 60 年代的高度增长期，以及 80 年代后半叶泡沫期的建设高潮可与战灾匹敌。以及为了复活经济要求再开发，只是一味地重复建设和破坏的东京究竟还有未来吗？提出这一疑问是我报告的主旨。

东京到底如何为好？朝着哪个方向走？涉及景观问题的本质。可以预见面向 2020 东京奥运会的举办会带来新的亢奋和狂躁。正因为这样，东京以及日本未来景观的争论不能搁置不理。

2/ 京都

说到日本的脐，古都京都与东京、日本桥一样，日本历史的脐在这半个世纪中也发生了天翻地覆的变化。

京都，是日本人的精神故乡，经过明治维新虽将政治首都让位给江户——东京，时至今日仍以“文化首都”自负。从各个领域持续讨论的“日本特色的东西”，能称为日本文化核心的，几乎都是从京都培育而来的。经过 1200 年的长久岁月作为一国的中心而持久保留下来的城市，纵观世界也是为数不多的。

有着在世界上引以为豪的历史城市遗产的京都景观问题，始终是日本景观问题的象征。

“田字”地区

京都的中心部，由自东到西的河原町、乌丸、堀川 3 条南北向大街，及自南到北的御池、四条、五条 3 条东西向大街围绕的地区统称“田字”地区（图 15）。这个“田字”地区迎来空前的大型公寓建设热潮是泡沫经济破裂后长期不景气的顶峰。而且大型公寓林立的风景（图 16）使得京町家并列的街景变得千疮百孔。

谈到京都的景观问题，过去有围绕着京都塔、京都饭店以及京都火车站的建设所引发的热议，但“田字”地区的风貌破坏更加严重。体量巨大的公寓改变了京都中心街道的结构体系。

在被称为不景气的日子里，体量庞大的公寓接二连三地被建造，当然是有理由的。对购买公寓的人来说，城市中心方便、从高层向下俯瞰拥有很棒的视角，有的场所位置连五山的送神火

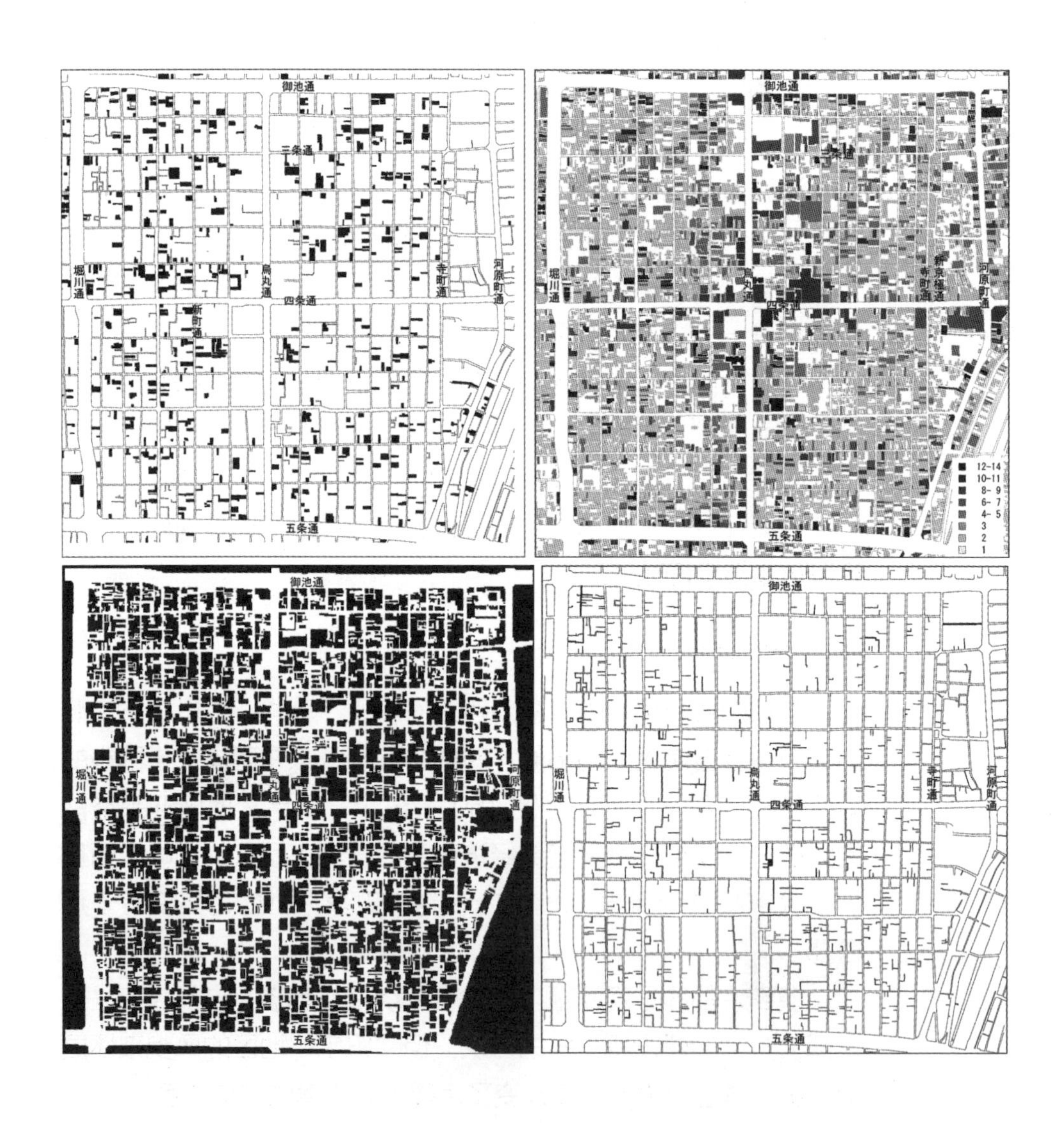

图 15 田字地区的里弄分布（2004 年，制作：鱼谷繁礼）

近隣からの訴え

なしのつぶてに住民が硬化
設計者の倫理を大臣にただす

事業者は話し合いに誠実に対応せよ

图 16 附近居民反对建高层公寓的传单及被破坏的街景

都能看到。如果价格合适，住宅的需求很大，对开发商来说是很好的商机。虽然是各种开发限制覆盖的古都，“田字”地区位于城中心，需要建造与中心业务功能、商业功能相匹配的一定体量的建筑。具体来说，规定“田字”地区允许建设全域建筑密度80%，规定容积率上限为 4 ~ 5 层高的建筑。

对土地所有者来说，由于有继承税的问题，一定的开发利益是必要的。因此，在以土地价格上涨为前提的时代，一贯实行的是土地细分，但由于不景气“田字”地区发生了土地合并[24]。这是过去没有发生过的历史大事件。

其结果，出现了在同一个公寓居住的孩子要分别到不同的小学去上学的跨学区大型公寓。京都市也困惑于与其他大城市相同的空洞化。导致小学校合并或废除，大型公寓的居民增加了，反而教室不够用了，实在是南轩北辙。

“田字”地区的景观如何是好？围绕这个讨论意见是有分歧的。一方意见是复原所有京町家排布的街道，另一方主张创出新的街景，只是面对道路的建筑控制在原有高度上的折中方案。

京都市自治体以景观对策先进而自负，这一“田字”地区与其他大城市的中心街区没有什么区别。只是唯恐只有公寓没有商店就会失去活力，急忙制定条例，以一层引入商店为条件，但事态并没有改变。

因为在建筑密度为 80%，容积率为 4 的条件下，五层高的建筑布满了街区地面是必然的结果。

山鉾町：京町家不可再生论

在作为京都历史肚脐的“田字”地区，其中心山鉾町每逢一年一度的祇园节时就会举行山车、笠鉾巡行活动。山鉾 29 座之一的长刀鉾的鉾仓每年担任巡行先导位于“田字”地区的中心四条乌丸。我搬到京都居住不久，就有了参加以山鉾町为中心的京町家再生研究会（始于 1992 年）的机会，此外京都市委员会给予我思考京町家再生的具体方法的机会（1991 年）。

在山鉾町漫无边际地散步，会发现町家排布的街区之间的空地，停车场像虫蛀般不断向四处延伸，保留的京町家只是影影绰绰。让人感到如果这样下去，京町家退出历史舞台被高层公寓所取代只是时间问题（图 17）。马上得出的结论是京町家再生是不可能的，理由简单地说有两条，防火规定和继承税。

图 17 楼宇狭缝中的京町家

尽管反复强调原样建造京町家，由于《建筑基准法》规定，被指定为防火地区，准防火地区，木造建筑不能以原有形式新建。而且即便想原样保存京町家也由于转让发生的继承税而不得不放弃，或者翻建不得不高度利用。住于京都的历史肚脐的山鉾町也没有京町家原样建设的条件和制度框架。

所有的争论都以此为出发点。

二战后不久，面对一片无尽废墟的光景，业界高唱木造亡国论。认为木造城市实在不是方向，没有任何存疑就上升（发展）到城市非燃化这一至高无上的命题。躲过战灾的京町家，其命运由于新建筑基准法的制定，也被决定了。

那么京町家再生的途径是什么？我思考了以下几个方法：

①根据《文物保护法》98 条 2 项及 83 条 3 项的方法；

②根据《建筑基准法》3 条 1 项 3 “其他条例的制定” 制定条例的方法；

③根据《建筑基准法》38 条（大臣特别认可）的方法；

④根据城市规划区域的变更方法。

①②的方法都有必要把京町家作为文物来对待。作为文物有必要担保其建筑形式、建筑意匠的持续性。一边生活一边保护京町家的做法不协调的方面有很多。③的方法是一栋一栋地确认防火性能，时间和费用花费很大，像装配式住宅那样，有认定某种形式的方法，这在京都的中心部也不是普遍的。

结果只剩下④的方法，这就是结论，具体是什么意思呢。如果再生京町家的地区作为特例处理就会独立于以京都市整体为对象的城市规划区域。如果没有《建筑基准法》上的规定，木造的京町家就可以自由地建设。京都即便没有《建筑基准法》等，在长达 1000 年的时间中，也将其固有的景观维持了下来。

也许有人认为这是荒唐无稽的，但并非如此，在整个街区探讨过防火、防灾措施的方法。基于《消防法》的措施同样还会有超出《建筑基准法》之外各种要求，做出十分认真的建议方案，把喷淋设施放在外部的京町家的试点，在进行了火灾实验后收到良好的效果。因此，桥卞庆山的会所也实际进行了安装（图 18）。目标是广泛普及，但因为很快发生了阪神淡路大地震而半途而废了。

对山鉾町来说，祇园祭是其存在的依据。加之日常的街景，祭礼时的景观关乎着京都的城市个性。以入住高层住宅形式的山车藏、山鉾巡行于大楼之间（图 19）的情形，象征着京都城市景观的分裂。

图 18 安装有喷淋装置的京町家（桥卞庆山会所，左图）及 1 层屋檐下安装的喷淋设备（右图）

图 19 祇园祭的山鉾巡行

祇园祭的山车、笠鉾的巡行区域不能干脆从城市区域中划分出来吗？构筑防灾机制才是最重要的，《建筑基准法》也好，《消防法》也好，都不能成为维持地区景观的最终担保。

京都塔，京都火车站，京都饭店

20 世纪 90 年代初，京都饭店以及京都火车站的问题经由媒体提出轰动社会，京都为之骚然。苦于街道建设财源不足的京都市向观光社寺提出收取“观赏税”[25]（观看神社宫殿宝物）等建议，招致京都佛教会的强烈反对。认为京都饭店高层化太过粗鲁，因此到处张贴告示，不允许入住京都饭店的人参拜。那么如何区分观光者为京都饭店的入住者呢？我觉得不可思议。而什么时候告示被撤掉了更是不可思议。

经常成为景观问题的多是建筑高度，这是因为它极具标志性，容易识别。对京都市民来说，围绕高度成为大问题的京都塔的争论还留下了芥蒂。

京都塔竣工于 1964 年东京奥运会那年。对其建造发起的反对运动是于东京站前的美观争论发生之前。京都塔被视为《建筑基准法》上的“产物”，问题是与东京海上大厦的情况不同，过程暂且不论，作为结果其按照最初计划（现在的样态）建造的。是由日本现代建筑运动的先驱者日本分离派建筑会[26]（1920 年组建）的成员山田守[27]（1894—1966）设计的。

从开始建设经历了半个世纪，对京都塔的设计怀有亲切感的人不少(图20)，对其优劣且不评论，它已经成为京都的一个象征。从新干线的车窗看到京都塔，就会意识到这是“京都”。埃菲尔塔也好[28]，蓬皮杜中心[29]也好，当初建造时也曾遭到强烈反对（图 21）。但是如今都成为巴黎的名胜。历史悠久的城市或多或少都会有同样的经历。

城市的新陈代谢是不可或缺的，某种新奇对提升城市的魅力是必要的。而且关于城市的个性，“图”的纪念性也是城市所需要的，针对“图（figure）”而言的是“底（ground）”，其是视觉心理学的用语，也用于城市景观。有“底”，“图”才成立，如果都争先恐后以“图”为目标，让它引人注目，就带来混沌的世界。

问题是成为“底”的城市底图，是景观的基层。在这个意义上，京都饭店以及新京都火车站方面的问题严重。因关乎城市骨架，建造物的规模自不用说，墙面的位置严重破坏了街景的连续性。

图 20 从梅小路公园观京都塔

图 21 蓬皮杜中心（左图）及埃菲尔铁塔（右图）

应该问责的是综合设计制度和城市规划制度。对于这个问题，在关于丸之内的“美观争论”中已经提到，即如果把基地中一定比例的空间作为公共空间使用，以缓和容积率的限制。该制度作为确保城市中公共空间的一个方法被采用；但在形成统一风格街景的观点上有很大疑问。只要前面设空地，建筑的正立面就会出现凹凸不平影响规整的情况。

正如反复强调的那样，决定建筑外形的是建筑密度、容积率、斜线控制、日照时间等《建筑基准法》的规定。日本的城市景观，在某种意义上像宫内康所说的那样，都是《建筑基准法》的自我表现（宫内康，1976），其规定如果变化了，景观当然也会随之变化。

登上京都塔眺望京都饭店，可以领略其硕大的体量（图 22）。眼下的京都火车站看上去也像巨大的墙体，但是所谓京都的景观问题既不是京都火车站、京都饭店的问题，也不是高度的问题。那之后“田字”地区发生的问题，更加显现出问题的普遍性。

祇园：景观与土地所有

反对京都饭店建设运动的掀起是在泡沫经济最后铅华洗尽的时候（1990 年代），而京都的另一个中心祇园还充满活力。

源自祇园精舍的祇园是指八坂神社（祇园社）和祇园町，祇园新町一带，祇园社位于通往元山、清水寺的路线上，这个地区从近世（安士桃山→江户时代）中期开始就是茶屋、水茶屋的选址。进入宽文时期开始了真正的开发，1670 年（宽文十年）沿着大和大路自三条至四条街以南之间形成祇园外六町。1713 年（正德三年）沿百川造成町地出现了祇园内六町，位于四条河原的戏

图 22 从京都塔向京都饭店(中央上部立有两个塔吊)眺望

园子都转移到外六町中的中之町，元禄时期（1688—1704）隔着四条街排列有 5 栋戏园子。祇园所谓“低俗场所”繁荣，集茶棚、水茶屋、客栈、戏院于一体的——大游乐地带的祇园的兴旺，几乎凌驾于皇宫的岛原妓院区之上。

到了明治时期，祇园分甲部和乙部，除了称作“膳所里”的一个区域，祇园甲部在日本也是最高规格的烟花巷，其“温习会（技艺发录会）之都”是延续至今的京都风物。

众所周知，就祇园景观而言，其四条街的南和北相当不同（图 23）。

四条街与花见小路交差的东南角有因大石内藏助使用（《假名手本忠臣藏》）而有名的一力茶屋（祇园一力亭），据说是京都传统接待文化的象征。其南侧有培养艺妓、舞女传承至今的八坂女红场学园[30]，其土地所有人持有这一带的土地。传统的连续街道的景观得以维护的最大理由是支撑接待文化的传统力量，同时还有其土地所有的形式。

对此，四条街以北，土地被细分。建有许多杂居楼，简而言之是一般的日本繁华街道的景观，同时也建有由著名建筑师设计的后现代建筑。连接其北侧有被指定为重要传统的建筑群保护地区的祇园新桥。在被指定的重要传统建筑群保护地区，其外立面（正面）的样式要求原样保留，不得改动。内部由于是桌椅的陈设，使用方法不能保持传统。看上去是一样的，但细部样式的差异很有意思（图 24）。高度、素材等保持一定程度的统一，同时各个细部有差异性表达。不是强求划一的样式，在一定的规则下，保持个性化表达是考虑景观的一个关键点。

这个祇园的南北景观的落差、不连续性，可以说也是一种

图 23 祇园北（上图）和南（下图）

图 24 祇园新桥町家样式

a：二层町家茶屋样式；b：二层町家数寄屋风格样式；c：二层町家围墙的样式；d：二层町家高围墙的样式；e：和风宅邸样式；f：二层町家川端茶屋样式；g：京町家样式；h：祇园新桥街景

（提供：京都市城市规划局，《祇园新桥街景调查报告》，1992）

魅力所在。实际上祇园的北侧曾以迅猛的势头进行过土地建筑的交易。根据法务省记录的登记簿记载，收买土地和建筑的几乎都是东京的工商业者，东京的资本。祇园那样的有茶坊，作为京都接待室支撑接待文化，培育继承舞蹈等传统的艺能、作法其空间的持续维护也很困难。

祇园也存在空屋和停车场问题。同山鉾町一样，由于地价高涨并有继承税的问题，即使想继续在那居住也无法生活，在这种情况下，单纯谈保护街景是不现实的，祇园空屋显著的背景首先是后继无人，没有想当舞女、艺妓的人，没有制作料理的厨师，支撑町的基础的社会结构瓦解了。

即便要保存景观，连修护京町家的木工几乎都没有。即便翻修由于有防火规定，木结构无法翻修。翻修的话要保证最大限度的容积率，就会毁掉街景。而一旦破坏了支撑景观的机制，则一切都无从谈起，这是关键的问题点。

鸭川：3.5 条大桥

围绕着京都饭店、京都火车站的“风景战争”鼎盛期，在鸭川的 3.5 条大桥的建设成为当时的热点话题。所谓 3.5 条大桥是指在鸭川三条大桥和四条大桥之间架设的桥，其背景是面对客流量减少的祇园地区，期望吸引来自对岸的木屋町即四条河原町的人流。

巴黎和京都是姐妹城市，以偏袒日本，偏袒京都，而广为人知的法国希拉克总统，曾就塞纳河上架设的皮埃尔桥是否合适的话题，曾让外国人发表对自己有利的见解，这也成为日后经常采取的做法。3.5 条大桥也不例外，一方的意见希望有一条符合艺术之都的桥，而另一方立即提出相反的意见，认为建造 3.5 条大桥没有必要，为什么要造一个欧洲风格的桥，媒体也大肆渲染，舆论哗然。

关于 3.5 条大桥。其建造本身是否妥帖是争论的焦点。是否需要祇园和木屋町河原町之间的人流，首先是个问题。而且如果许多人认可有建造的必要，新建的桥与历史形成的鸭川景观是否相符就成为问题。即使不架桥，在水面附近渡河的办法有很多。实际上，在京都大学的建筑学科设计演习中，学生们设计了许多很出色的方案。现实上，有《河川法》的规定，安全性的问题不是那么简单的。实际鸭川的上游有可以踩着踏脚石走到水面附近的地方（图 25），同时设置装饰性构件，临时架设银幕等可以设计有趣的、多样的亲水空间。

图 25 鸭川河岸

a：铺在鸭川河岸的踏脚石（加茂川和高野川汇流的地点）；b、c：鸭川河及岸边；d：古人绘画

然而关于桥的设计争论令人不胜其烦，巴黎风、日本风以及“京都特色”等导致讨论深入不下去，莫衷一是。

“风景战争”的战场之一，在于这个景观设计的平面。即便是“基于地域的传统和历史的设计”“XX 式的设计”，但具体实现其设计并非容易，而且假设为设计规定了各种条件、要素，设计本身也会多种多样，因此经常拿出的是立体化设计，容易理解的是模仿地域传统建筑屋顶形式的做法。

战前日本称为“帝冠（合并）样式”的建筑样式是由下田菊太郎（1866—1931）[31] 倡导的。主体为钢混的现代建筑，屋顶采用日本自古以来的神社佛阁的形式，是在帝国议事堂（现今国会议事堂）的设计竞赛时提出的。实际上还建有军人会馆（九段会馆），东京帝室博物馆（现今东京国立博物馆）等建筑。在京都，京都市美术馆（1933 年）被视为帝冠样式。

屋顶的象征性，即屋顶形式虽然是象征的，但力量是绝对强大的。与这个“帝冠样式”同样的样式、手法，在世界各地都可以看到。

但是立体形式就是立体形式，极端的做法导致“屋顶全部做成坡屋顶”的构想，思维仿佛停滞了。

3.5 条大桥曾几何时好像消失了，如果建造的话，如何设计实际有着尝试的意义。市民的热情高涨，如果是在象征街道的景观地区，通过设计竞赛形式进行比较妥当。问题是包含审查员在内的审查的做法，关键是判断依据的公开性；重要的是即便是小的建筑物，街道小品的设计，也可以作为思考地域景观的机会。

贺茂川和高野川汇流的下鸭神社向与桂川汇流的地点，区域内从鸭川的上游走到下游架有几座桥。其中许多并说不上设计得多么好。同时也可参见关东大地震后架设的一些通过各种结构设计的桥，如隅田川那样的例子：还有流过伊朗古都伊斯法罕的扎因达鲁德河上架设有各种独特造型的桥。可以依次重新审视一下在鸭川架设的这些桥的设计。

泡沫经济破裂以后，桥下住了一些无家可归的人，但只要能在水边行走就很好。支撑京都魅力的最大因素之一是水。鸭川、桂川等，与水亲切的空间近在身边实在是珍贵的。

眺望景观的保护

在京都市内居住的 5 年中，坐在自家的桌前，凭窗可以观赏比叡山，还可以看到京都国际会馆每次召开国际会议时燃放的烟火。流过自家附近的高野川河边，五山的篝火季节时可以看到“妙法”的“法”字。我想京都还有许多得天独厚的景观。随着季节的变化可以享受比叡山的景观是十分幸福的，而如今在它前面建造了公寓，这一乐趣被无情地剥夺了，不由得很生气。

虽然城市景观被大大破坏，而被东山、北山、西山环抱的京都盆地的自然景观，与“春天的曙光”曾受到平安时代贵族们厚爱时相比没有太大变化，但是观赏它的场所越来越有限。将一望无际的大自然尽收眼底是很开心的。通过从高处俯瞰，可以纵览地域整体面貌，与地域整体面貌相关的大景观，与构成地域的局部相关的中景观，离身边最近的小景观。以这样的概念，可以把景观的尺度、景观与视点场所的距离、观赏角度作为问题，但围绕着大景观，经常引发“风景战争”。

就京都而言，享受大景观这点，现状几乎是令人绝望的。京都饭店的问题也好，京都火车站的问题也好，由于巨大体量的建筑损害了景观，对此的不满是引发反对运动的根源。

就身边的景观而言，由于中高层建筑的排布，不能享受曾有的景观，对此怀有不满是自然的。但是，关于大景观的事态已经超过某种水平。从自己的房间每天可以眺望比叡山的景观在早期也是极少的例子，所以在其旁边建公寓即便遮挡了视野也是没有办法的，我不得不这样认为。

“田字”地区的高层公寓能聚集人气是因为高层可以享受京都的大景观，居住在遮挡视线的高层公寓顶层的居民任何时候都可以眺望京都的三山，这样考虑就复杂了。相对于向下俯瞰的快感，也有被俯瞰的不快。

在第 3 章风景做法中介绍的包含《景观法》在内的所谓“景观绿三法”的制定（2004 年 6 月），京都市致力于新的景观行政。作为《景观法》的东风，即以《景观法》为依据，在城市中心进行城市包括区域划分（限高、容积率限制更严格）在内的规制强化。但是由于伴有私有权的限制进展不顺利，“田字”地区高层公寓的居民，反对规制强化的呼声证明了问题的根源，由于资产价值的下滑而举步维艰。

另一方面，期待新的政策出台是对眺望景观的保护。欧洲有限制在历史纪念物前后建造建筑物的法律。而采用在构成城市骨骼的轴线上，布置纪念性建筑的手法。与西欧城市不同，在日本以人工物为焦点的城市构成手法并不一定被接受。但是，不仅在京都，全日本也有借景的传统，将大自然引入自家庭园的手法是十分洗练的，在京都目前这样的庭园还保留有不少。为了借景，即为维护来自私有特定场所的景观，建筑规制真的可行吗？《景观法》是有可能的，其前提是要得到当地居民的同意，取得共享其利益的居民的共识。

京都盆地有东山、北山、西山，还有鸭川、桂川的河流。虽然不可能从所有的场所眺望到它们，但如果保证从特定的公共场所、视点场所能够眺望的话，也许可以得到居民的一致同意。最好能沿着鸭川一边行走，一边眺望东山的天际线，如在鸭川的上游望见的都是不风雅的建筑大为败兴。而且可贵的是京都有以大字山为首的五山篝火，这一城市祭礼没有眺望景观是不成立的。可以享受一次五山篝火的视点场所，如果只有高层公寓或高层饭店的高层部分，无论是谁的想法都是有问题的。

京都市指定了 38 个眺望景观和借景（图 26），包括社寺内的眺望（上贺茂神社，桂离宫等 17 个）、街道的眺望（御池街等 4 个）、水边的眺望（濠川，宇治川流派，疏水）、来自庭园的眺望（园道寺，涉成园）、来自山景的眺望（从加茂川右岸看东山等 3 个）、“标志”的眺望（加茂川右岸的大字的眺望）、壮观的眺望（从架设在鸭川上的桥来看鸭川，从渡月桥下游看岚山一带）、俯瞰的眺望（从大字山看市区）。对每个场所设定眺望空间保护地域，近景设计保护地域，远景设计保护地域，限制建筑行为。

历史的景观资源可以说是丰富的京都特色的搭配（组合）。金泽、奈良、神户等也在展开保护眺望景观的尝试。试想一下，单纯从建筑的高度来控制景观，不是太过原始且缺乏实效性的做法吗?

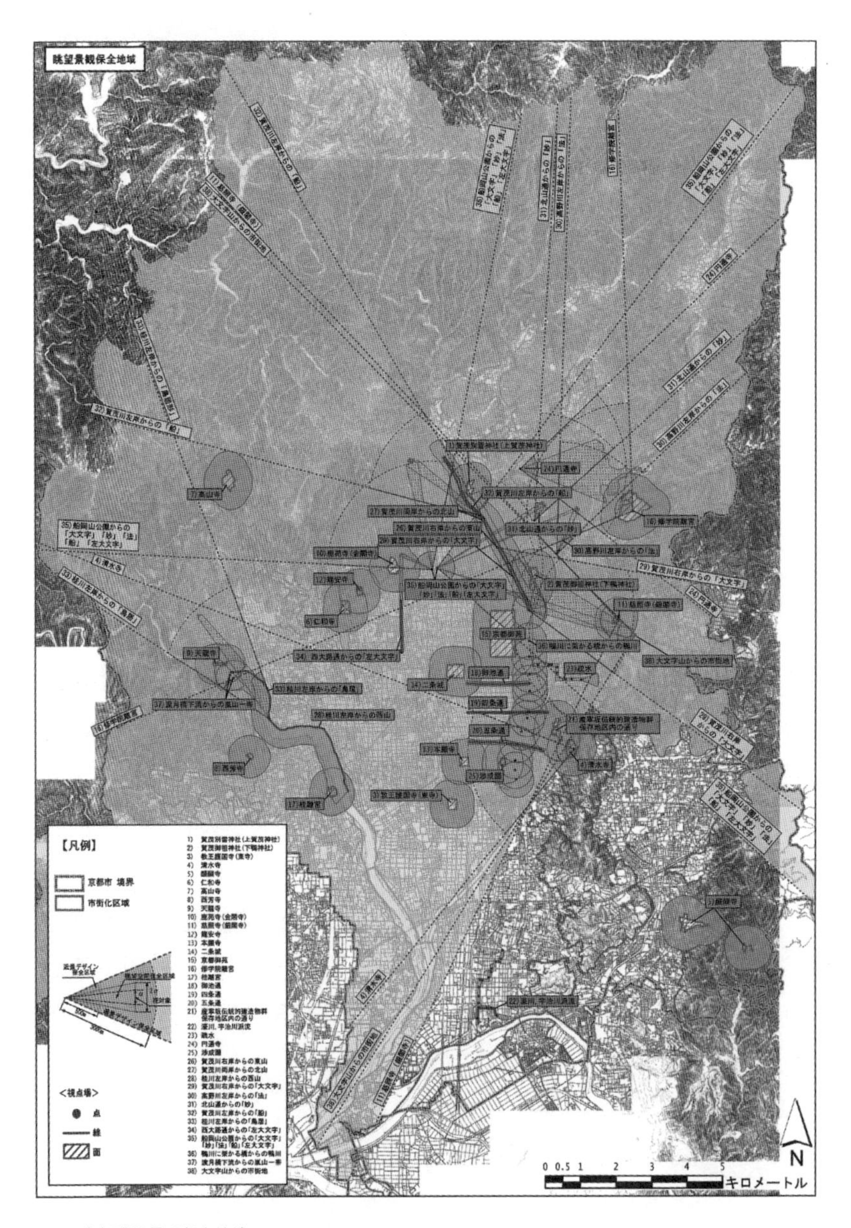

图 26 京都眺望景观保存地域

3/ 宇治

宇治市人口不到 20 万人，是京都府继京都市后第二大城市。其地名因应神天皇的皇子菟道稚郎子在这里居住过而得名，也写为宇迟，菟道等。

宇治的历史中心有宇治河流过，其两岸有世界文化遗产平等院和宇治上神社，从大和国向着日本海一侧有所谓古北陆道与宇治河交汇的交通要冲。646 年（大化二年），在宇治河上由僧道登[32] 架设的宇治桥据说是日本最古老的桥，也是保卫京都的军事要地，经历统称“宇治川之战”，屡次成为“源平合战”“承久之乱”等争夺的对象。

宇治也是《源氏物语》“宇治十帖”的舞台，乡町近世成为茶叶中心，宇治茶成为宇治的代名词，茶田现在仍是宇治景观的特色之一。

御茶田：市区化区域的生产绿地

我从 1991 年开始在宇治（黄檗，五之庄）居住了 10 年。由于是当地居民，被聘为宇治市城市规划审议会的委员，担任了 10 年左右的会长。城市规划审议会是就城市规划进行审议，不是进行城市规划；对首长的咨询，进行审议和答辩，制定《城市规划法》等事项，是其职责。

关于审议事项事先在事务局进行讨论，也履行法定的信息公开（公示）的手续，因此，审议在短时间完成形式上的东西较多。有时我觉得时间有富裕，机会难得，想就城市规划相关意见展开讨论，立即就会受到指责，示意我仅就答辩的事项进行审议就可以了。

宇治市的城市规划审议会，每年例行要答辩的是生产绿地的变更。所谓生产绿地是指根据《生产绿地法》（1974 年）规定的市区化区域内的土地（农田，森林），大城市圈的自治体为了在市区化区域内继续从事农业，地主也认可绿地保护的意义，采取不按宅基地标准进行课税的措施。

宇治市的生产绿地几乎都是茶田。始于镰仓末期的宇治茶，几经盛衰的历史，至今仍是宇治的品牌，然而成为宇治特色的茶田，近几年来不断衰落。

1996 年有 220 个地区，65hm^2 的茶田，到了 2005 年只剩下 201 个地区的 61hm^2。原因是从业人员的死亡或变故（不能继续务农，身体障碍），老龄化趋势，从业人员在不断减少。

就这样，允许生产绿地向宅基地转用是城市规划审议会的重要工作。难道不能由市里统一收买，像德国的小庭园或以市民农园的形式留下绿地吗？这种意见每次都提及，但都没有找出一个有效手段。地域的产业形态大大左右着景观，但却没有认真商量对策的余地。

土地，要有维持管理的主体，其形貌才得以维持，茶田的减少可以说是宇治景观的晴雨表。

画饼充饥：城市总体规划

当然，城市规划审议会并不是始终发挥上述消极作用。其要求每个自治体都要编制“城市总体规划（有关城市规划的基本方针）”（《城市规划法》第 18 条 2），宇治市也于 2002—2004 年进行了规划的编制，明确实现城市未来应有的目标。这成为各类城市规划的确定、变更的导则，为调整与其他城市规划的相互关系，以积极推进市民和行政的协同为目标，对宇治市的城市规划来说极其重要。

全市域分为 7 个区域（六地藏，黄檗，宇治，槙岛，小仓，大久保，山间）。大家通过工作坊的形式讨论了区域非常具体的未来形象。工作坊有各种做法，一般做法是准备一张大地图，让大家将区域的问题点、评价高的场所、将来如何发展都具体地标在上面，由于有各种年龄层和各种职业的人群参加，也是可以全方位掌握区域现状的机会。讨论会在两年多的时间共进行了 16 次。

作为城市建设基本目标提炼成口号，如“任何时候都要珍重丰富的自然传承给未来的城市建设”“历史和新的文化共呼吸的城市建设”“抗灾能力强，可以安心居住的、稳定的城市建设”“关怀人和环境，注重交流的城市建设”。看似老生常谈，但似乎可以在全国任何地方通用；希望是有冲击力的宣传，也有这样的争论，但关键是内容，口号再响亮如果没有内涵就失去了意义。根据地域不同的构想具体归纳出的未来蓝图要经得起 20 年后的检验。

往往城市总体规划流于单纯的报告书，只是画饼充饥。但是相比之下更珍贵的是居民参加工作坊的经验。总之，面向未来，城市建设协议会的设置等使居民对城市建设活动进行支援、为推进城市建设事业确立厅内体制、工作坊等得到的城市建设的知识和经验可以用到未来的城市建设中，呼吁建立检验城市总体规划实效性的体系。

日本的城市规划的共性问题是没有实现城市总体规划的系统性机制。暴露出这个致命问题的是东日本大地震的受灾地区。

在滋贺县守山市，各学区制作出将整个守山活化的计划

（2014 年），正准备实施，这也是接到宫本和宏市长的委托开始实施协助的。不建四方盒子，各学区发掘地域所有资源（自然、历史、文化、人才等）利用这些制定对策。所有自治会参加，编制各个地区活化的计划，宇治市也是一样，但是守山的情况是按照顺序实施的。从这些日本城市建设中可以看到变化的征兆。

巨大的屏障：世界文化遗产和缓冲区

与城市总体规划编制同步，宇治市制定了《城市景观条例》（2002 年 3 月），着手进行城市景观形成指南和基本规划的编制。担任首届城市景观审议会会长的是从事真野地区（神户市）的街区建设等、引导全国街区建设的广原盛明（原京都府立大学校长）先生。我受广原先生的邀请成为审议会的委员。城市规划行政没有和景观条例结合的问题，是从以下叙述的松江实例得知的。当然宇治市城市景观形成的基本规划也反映到宇治市城市总体规划之中。

宇治市的景观资源分为眺望景观资源、自然景观资源、历史景观资源以及都市景观资源。在总结其特性和课题的基础上，对象征性景观（世界遗产周边一带）、轴线景观（宇治川，旧街道）、广角景观、有特色的区域景观（历史遗产集聚地区，历史的商店街，古村落，茶田，巨椋池干拓田）等类型的形成指南进行讨论。与此项工作平行建立“景观法”，一年后施行。宇治市依照“景观法”组成景观行政团体（2006 年），率先完成了景观基本规划的编制作业。

但是，根据景观条例决定景观形成指南后的 2004 年 6 月，宇治桥大街提出了大型公寓建设，引起了大骚动，即所谓“紧急行动”的确认申请。公寓建设的备选地是位于面向宇治桥大街的商店街中间的停车场。宇治桥大街从宇治桥一直向东北延伸的历史商业街（图 27），还有著名的御茶屋，既留下历史的街景，也建有钢筋混凝土的建筑，此外空屋、停车场也开始多起来。与宇治桥以东的桥墩下面通向平等院的表参道相比，街景混乱没有活力。如何使这个街道再生、活化，对宇治市来说是大课题，在城市总体规划中也讨论过。公寓规划以“传统、历史、观光与生活相结合的商店街为目标”“可以放心地出行购物的商店街建设”为目标提出“地域一站式的概念推进商店街区的建设”，这一策略得到认可，成为前卫的公寓设计。

最初是 9 层的建筑设计。但是在城市景观条例中，高度超过 20m 的大型建造物需要报批，所以就打擦边球变更为 7 层建筑。该公寓不仅存在高度问题，整体进深近 100 m同样是大问题，住宅区将竖起一面巨大的墙体，与街景的韵律有明显的差异。

第一，担心对近邻的影响。由于新居民的增加，会带来停车场问题、噪音问题等，居民们的反对呼声高是必然的。

第二，对世界文化遗产平等院的眺望是大问题。实际上，平等院在登录世界文化遗产时（1996 年），宇治市经历了痛苦的过程，成为平等院背景的宇治桥大街周边加建了大型的高层公寓。

在登录世界文化遗产時，“缓冲区”的想法不仅是对遗产本身，其周边环境也应进行保护的想法并没有认识到，可以说至今对其认识还是比较薄弱的，也没有现成的合法的整备手法。为了对宇治市周边的高度进行检查，要求公寓的建筑业者在建筑用地 20m 高的地方放气球（2004 年 7 月 27 日），迅速应对。气球上升后，其公寓体量的巨大性便一目了然（图 28）。从平等院的院内也

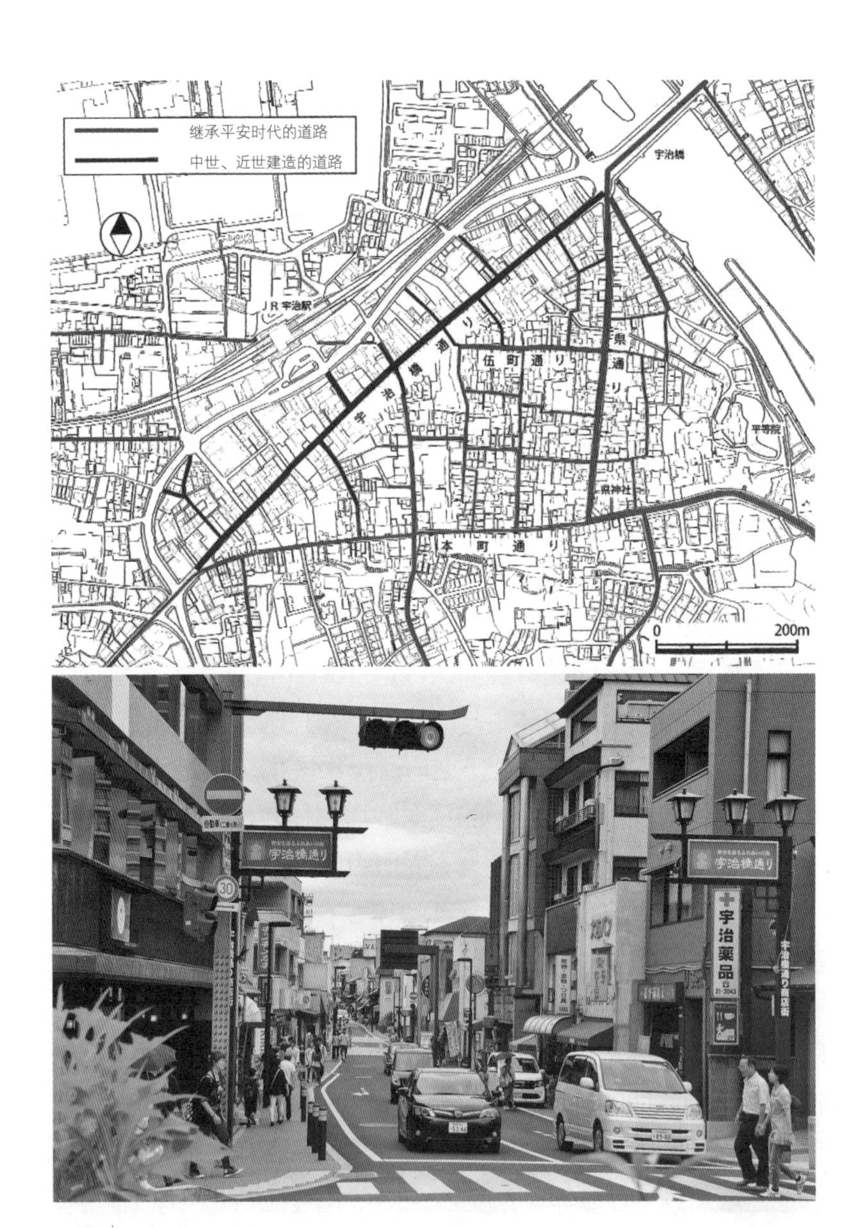

图 27 宇治市宇治桥大街
上图：宇治市（2012）未来“宇治文化景观”；下图：拍摄于上图箭头所指地点

图 28 通过气球确认高度

可以看到，明显阻碍眺望视线，基于这个结果，以都市景观审议会为核心反复进行讨论。为保护景观，这种做法最好成为日常的做法，今天使用地理信息系统 GIS 可以很容易得到确认。

具体细节在此省略，问题的焦点正如东京都国立市的公寓案例所看到的那样，事先就很清楚了。根源是把法律允许的容积率用足，尽可能地多建住宅商品房，建设业者的逻辑和景观形成理论是对立的。或者说是与地域、生活、环境的逻辑背道而驰的。

讨论的过程中，通过为开工进行的基地调查，发现了当初建设平等院时的土地划分以及韩式土器的出土。这样就出现了第三个问题，如何评价该地方的历史。

都市景观审议会要求市里、建设业者利用这个遗址。而且要求开发业者让其设计人员再次考虑其设计。即便是巨大的体量难道没有弱化其体量的设计技巧吗？这是第四个问题。

建筑确认申请和许可的日程设定中，都市景观审议会向市长提出如下建议。

一、关于公寓的规划设计。

（1）要取得居民共识，不允许以没有达成协议的形式进行建设。关于减少体量，对近邻的压迫感等问题的具体应对，要得到居民的共识，需加强指导，并报告；

（2）要进一步进行分节化处理，如有可能进行收购，进一步减少体量。

二、关于都市景观条例的修订。

（1）大规模建筑物等申报规模及条件的修订；

（2）景观法施行配套的宇治市都市景观条例的修正；

（3）建议创设景观顾问制度（主任建筑师制），即在宇治市政府内增设管理部门，设可以启用新型人才的职能。

三、关于构筑以景观为核心的街区建设体制

（1）制作各地域景观设计模型，推进都市景观形成的地区的指定；

（2）限高的修订，或重新讨论高度限制法规（与宇治市都市规划审议会合作）。

四、宇治市都市景观审议会主办“思考景观设计”研讨会以及策划意见交换会。

作为结果，根据上述的内容进行若干调整，决定了 7 层公寓的建造。

也许在全国也是首次的都市规划审议会，对城镇区划也进行了降低高度限制的变更。这在日本全国也是罕见的，建筑物的长度（超过 50m）需要报批，其意义重大。

宇治桥大街的公寓问题，最终解决时只是降低了层数，还是按照计划建造了，这表明只要多少做些变更，市政府、市民就不得不接受，这种情况在整个日本都是如此。

宇治景观十帖

围绕着景观的这些问题之后几乎都不了了之，但重新认识景观的尝试有各种展开。宇治市作为重新考虑景观的一环，在宇治市都市景观审议会上，募集歌颂宇治景观的短歌。《万叶集》有一些与宇治有关的歌谣。大化二年（646 年）的宇治桥架设是日本最古老的架桥记录，此处自古就是交通要冲，过往的行人很多。柿本人麻吕也多次往返于近江留下许多歌颂宇治的诗歌。

宇治川、朝雾、网代、早濑等许多名胜景观，宇治自古以来就有。

《源氏物语》中有“宇治十帖”，因为要搞“宇治景观十帖”，需要选择10首，由于审议会委员不懂短歌，特邀请专家筛选了10首。

同样作为“宇治景观十景”，宇治值得骄傲，其最应该珍惜的场所和景观都进行了选定作业。

将街角的景观试图用31个字记述下来，并尝试了一下，如果不说是作品的话，并不那么困难，反而很有意思，比起用照相机拍摄的照片印象更深。

关于地域的景观，自古以来留传下来各种各样的诗歌，尽管不是出自有名的诗人、俳人，如中、小学校歌等，也多歌颂地域景观的特色。在收集的过程中，人们重新认识景观的启示经常会浮现出来。

活的文化遗产

与这些动向平行，“景观法”出台了，还有《文化财保护法》的一部分被修订，“文化的景观”成为新的保护对象在法律上规定下来。围绕景观以及风景的概念在第二章“风景原论”中讨论，关于景观法和文化的景观在第三章“风景作法”中讨论，《文物保护法》定义文化的景观为“地域中人们的生活、生计以及当地风土形成的景观场所，为理解国民生活以及生计是不可缺少的”。

宇治市是景观法规定的景观形成团体，编制景观规划的同时，以宇治历史地区为核心作为景观规划区域进行保护。而且，作为都市区域首次被指定为国家的重要文化景观。

我个人由于迁居至彦根，辞去了都市计划审议会、都市景观审议会的职务，因此没有直接参与这一活动，围绕着公寓建设的讨论，我认为制定城市总体规划是其基础。还有，文化的景观这一概念如再有一些共有的成分，对从公寓基地出土的平安古道的处理就会不一样。

文化景观的概念引入，如果也停留在《文化财保护法》的框架里，不能不说是有局限的，以生活以及生计为焦点有着深远的意义。定位“文化财”，毕竟是“为理解生活以及生计不可或缺的”，这方面是有局限的，生活以及生计应该是优先的，文化（遗产）是活的是其关键，目前也提倡“活的遗产（living heritage）”的概念。

基于京町家的思考，传统的建筑群保存地区的指定，要保留固定的样式，在生活、生计条件不同的现代，显示出其非现实性。

作为都市区域最初的重要文化的景观所选定的宇治市，应该确立再稳定一些的机制。在这个意义上，作为市区景观构成要素的住居及其集合形式很重要。

宇治市通过了解传统的住居分布，认真地解说其类型和变迁，制定出有弹性的导则。景观问题，引起风景战争是一种剧烈变化，规模极其不同，所以要求探索一套允许缓慢变化的规则。

不仅是在宇治，地域有形成传统的固有住居形式，有其集合形式。这不仅表现在日本，世界各地都一样，被称为都市组织（urban tissues）研究，以亚洲为中心不断去考察各个城市，是因为都市住居的型及其集合的形态实在是多种多样。

龟石・塔岛：治水和景观

与宇治的历史景观核心、登录世界文化遗产的宇治平等院和宇治上神社相对的宇治川中州，称作塔岛。围绕塔岛周边景观（图 29）的讨论在持续。

作为大的背景，有淀川水系的治水、利水问题。流入淀川水系上游琵琶湖的河川大坝建设问题还没有结论，宇治川还是有必要讨论治水对策。紧邻市区的塔岛附近扩大是困难的，建城墙那样的堤坝也不行，那么就有必要挖掘河床，这样塔岛看上去仿佛浮上来一般，但是会不会成为景观上的问题。于是，切削部分塔岛，降下来的方案被提出。但是切削后来自塔岛的景观完全变了样。还有，桥的高度也要调整。更严重的是位于右岸，方广寺下坡地方的龟石（图 30），这是万叶集也歌颂到的，如果水面下降就不像龟了。

实际上，塔岛一年中有多次水涝，禁止入场。而且，龟石不像龟的日子也不少。还有，考证江户末期的绘图到现代的地图，塔岛的形状也几经改变。不用说，直线性整备成现今的形状很不自然。

另一方面，下挖河床就会给水系生物带来很大影响。最大的问题，是宇治桥周边为川蜷的生息地。川蜷是琵琶湖固有物种，由于琵琶湖缺水、天濑水库的建设使其生息地域有很大的改变，今天濒临灭种。宇治桥周边如果是其为数不多的生息地域，就有必要保护产卵环境（图 31）。为了川蜷的生息，20 ~ 30cm 的浅滩是不可或缺的。宇治桥周边也曾经是砂地，现在由于宇治川水库放流，砂立即被冲走了。

说道宇治川就会想到喂养鸬鹚。1995 年以及 1997 年为应

图 29 塔岛

图 30 龟石

图 31 川蜷（上图）及其栖息地（下图）

对不断泛滥的洪水，塔岛本线一侧下挖河川进行改造，为了喂养鸬鹚建了浅池，将本线和支线分开，发生了夏季脏水流入导致异味的发生。此外，过去宇治川可以游泳，民间希望像过去那样更亲近水边的呼声很强。说是景观，实际上关联到各种问题。松江大桥川也有同样的问题。

那以后，我离开了宇治，但围绕洪水对策和景观的争论，在淀川河川事务所仍在继续。然后 2012 年 8 月 13—14 日，大阪、京都、滋贺等地遭遇了局部暴雨。近畿各地遭受土砂灾害，河川泛滥，建筑被漂走等灾害，宇治川流域也遭受很大破坏。洪水的特征是大河川的宇治川本身没有泛滥，而一次支流、二次支流的战川、志津川、弥陀次郎川等中小河川在市区多处泛滥。

我过去居住的地区也蒙受了很大灾害，也有遇难者。再一次让我们认识到景观问题的本质，是人与自然的相处方式。

4/ 松江

景观工学、风景论的先驱中村良夫的《风景学入门》（中村良夫，1982）中有“风景的品格”一章。分别对“物的品格”“居住的品格”“水边的品格”“街景的品格”四个小标题进行了非常有内涵的考察。

其中“水边的品格”一节，引用某个夏天曾在山阴松江生活过的志贺直哉（1883—1971），在《濠端的住宅》中的描写及《源氏物语》“推木”卷对宇治川的描写，作为“怀念寂静风景的品格”的例证。虽濠端的住宅现今已无存留，乘坐游松江城护城河的游艇，经过那个地方，可以体味一下当时的氛围。

我出生在松江，18 岁之前一直生活在那里。从松江站步行 10 分钟左右，在大桥川和天神川之间现今还有我的老家。现在看上去其空间小得令人吃惊。但在记忆中是处于充满自然景色的广袤原野中。在大桥川可以钓鱼游泳，在天神川可以捕到鸟鱼，在空地上捕捉蜻蜓、蝈蝈、蟋蟀。有时渡天神川演练长征，一边追着鲫鱼、泥鳅，一边上溯小河，翻过丘陵远方的对面是日本著名的八重垣神社和神魂神社。

连接宍道湖和中海的大桥川，时而从东向西，时而由西向东流淌，是世界上匪夷所思的河流。以佛经山为水源的斐伊川汇入宍道湖经中海流入日本海，有时海水（盐水）也会流入。海蜇吧嗒吧嗒浮游也很不可思议。由于是淡水可以捉到蚬，越过彦根可以吃到淡水产的濑田蚬，那宍道湖的蚬的味道至今还记忆犹新。

而且，大桥川在 2012 年还一度成为舟神事（神舟节）的舞台。提到故乡的话题，无论是谁都会接连不断回忆起那里的风景，故乡的风景是每个地方的原风景（图 32）。

作为图的公共建筑

《建筑文化》[33] 等杂志以建筑评论为线索采集实例，我受岛根县的各种自治体委托担任公共建筑设计竞赛的评审，作为评委评审的项目有悠邑故乡会馆（川本町）、七类港总站楼（美保关町）、出云市交流会馆（出云町）、加茂文化馆（加茂町，现云南市）、岛根县立美术馆（松江市）等。

公共建筑只是建造建筑，欠缺策划管理运营的能力和组织的系统较多，当下“税资使用浪费”“职员只是保证退休后的去处”

图 32 作为原风景的松江 上图: 夕阳的大桥川; 下图: 舟神祭

“盒子行政”等批评的声音不绝于耳。的确，有被批评的现实情况，虽说是公建，只是雏形或只是模仿先进的案例，只考虑以建筑产业为主体的地方产业的对策。有这样的风土环境，全国到处都有以“文化中心”的名目建多功能厅就是其表现之一。

然而，公共建筑在政策实施上、在景观上，往往是各个自治体的象征，也就是说最能表现其个性。因此要求公共建筑作为“图”进行设计，应该充分体现各地域的特色。

我介入的设计竞赛，为充分讨论符合各个地域的表达，一般采用公开评审方式作为原则（图 33）。以上举例的设计竞赛中，只有岛根县立美术馆采用了指名招标方式。但尽可能公开评论决定符合地域的设计要求是一样的，从评委的立场上来说都是选择与地域相符的表达。岛根县立美术馆（图 34）的情况也很好地呼应了宍道湖畔的景观。

一般设计竞赛有公开招标、指名招标和建议招标 3 种类型。公开招标只要符合一定条件（如持有一级注册建筑师的资格等）都可以应标；指名招标是指定特定的建筑师；建议招标是为减轻应标者的负担，简化制图（设计册书等），也多作为指名招标来进行。

公开审查方式哪种情况都可以采用。也就是说审查是采用公开的还是非公开（封闭式）的差别。

通常指名招标应标者的汇报演示和答辩是分别进行的，后来称作“岛根方式”的公开审查方式是全体应标者和评审员同席，在公众（居民、市民）的面前进行答辩，仅此而已。

这种方式的优势至少有 3 点：（1）相比反复听同样的内容节省时间，而且方便以统一的标准比较各个方案；（2）就评价

图 33 公开听证会推选出的公共设施 a：悠邑故乡和会馆（川本町）；b：七类港车站大楼（美保关町）；c：出云市交流会馆（bigheart 出云，出云市）；d：加茂文化会馆（加茂町，现云南市）（照片提供：a.b 岛根县，d 渡边丰和）

图 34 岛根县立美术馆

的标准而言可以明确，强调应标者与其他应标者的差异，评审员也有必要表明自己的审查视角；（3）是把公共设施建设的流程向居民进行信息公开的最好机会。

不仅为了节省费用和程序，还有着一石三鸟、四鸟的意义。通过强调优势最终采用，结果也比拙劣的研讨会（城镇会议）更有实效。最终得到采用结果，许多方案立即就被认可，直接转入实施。

当然也并不是没有反对者。最终被选定的是作为“图”的公共建筑的设计者，事实上多是“他乡”的“著名的”建筑师。地方建筑师的力量也有问题，而“他乡”建筑师，在维护管理“修复”等不去负责或不能负责，对此的不满是问题根源。还有学校等教育设施、公民馆、乡土资料馆等中小规模的地域设施建筑并不需要高科技，委托熟知地域风土的地域建筑师们即可，民众也有这样意见。公共建筑的设计者选定问题在第 3 节已有介绍，与城镇建设有关的包括各种职能的城镇建筑师的概念、创想有关。

关于公共建筑设计者的选定，最近采用被称为 PFI[34] 的程序。PFI 是指当需要的公共设施不是过去那种直接整备公共设施，而是利用民间资金（引入民间活力），将设施建设和公共服务的提供下放给民间的民营化手法，1992 年最初在英国出现。在日本，1999 年 7 月公布的 PFI 法（民间资金等的活用促进公共设施等的相关建设法律）实施以后开始活用。但是其面临的问题也很多。

日本的 PFI 法无疑是促进了被英国 PFI 禁止的设施建设费的分期付款。但实际上并没有抑制财政恶化，有这方面问题，即分期付款的合同签署后，公共建筑中就产生了全额支付设施建设费的义务，超过设施担保风险，把不合适的风险转嫁到民间，且国企和民企的围墙变低，是官民粘连的温床。利用高成本资金筹措的民间资金建设设施的合理理由并不一定具备。

再者，基于“物美价廉”，PFI 事业者的选定原则，一般通过综合评价，使用一般竞标方式（或公募型建议方式）来进行，最终结果仅仅是造价低，毫无创意与智慧的公建不断繁殖。

2012—2014 年，我被委托担任滋贺县守山市守山中学和浮气保育园 2 个改建项目设计竞赛的评审委员，也是采用了同样的公开评审方式。尽管是地方的设计竞赛，但吸引了包括世界著名建筑师在内的超过百人的应征者队伍，其以公建设计为中心，公开听证的方式是思考各地域景观问题的绝好机会。

宍道湖景观条例：景观评审会

由于出生在当地，故长期以来先后担任过“出云街区建造景观奖”（1991—2000）、“岛根县景观审议会”（1996—2000）、“岛根县环境设计研讨委员会”（1996—2000）、“岛根景观奖委员会”（1993—2008）委员等职务。

担任岛根景观审议会委员时，接二连三审查了“有争议的项目（作品）”例如，一个是高 75m 的高层大厦，想到京都火车站高 60m 引起那么大的哗然，何况是在小地方城市，而且是松江，感觉不太协调。与京都、金泽并列的三古都之一，宣传口号是这样标榜的。但是，这个建筑只是与景观形成区域偏离了一点。另一个是最初计划建一栋 19 层的公寓，是位于景观形成区域内的。这两个建筑位于中间隔着宍道湖河口的宍道湖大桥的南北两端，都处于可以观赏到最好景观的位置（图 35）。

图 35 湖畔的超高层建筑（右）和违反景观条例的公寓（左）

只说结果，两个建筑都已竣工，大家可以与同样建在宍道湖畔的岛根县立美术馆比较一下，从宍道湖的湖面、山的天际线等眺望景观来看，其优劣便一目了然。

岛根县的景观审议会当时已经全部公开了。应该说岛根县的作法是相当先进的，所有的项目都对设计者、施工者进行过两次公开听证。75m 的高楼由于体量太大，而且许多从业人员需要开车上班，交通问题也可想而知。曾提出过寻找其他地块代替的方案，但没有被理睬。只要符合建筑规范上的条件，就不会不批，各地都一样。

有趣的是，设计者反复强调充分遵守了“考虑周边环境”这一景观条例。然而，如果体量本身就尺度失衡，难道就无能为力了。

既然如此不如搞一个日本独一无二的，成为鲜明地标的“标新立异”的设计不是很好吗？这是我的挑衅，但意见有分歧。

所谓景观究竟是什么，在这里我陷入了沉思。老实说，75m高楼的设计，作为高楼本身并不坏，特别是作为建在大城市的高楼。然而其建在连接宍道湖和中海大桥川的咽喉上是欠妥的。不如建在中游为好，既解决了交通问题，而且也解决了下面要提到的为治水而拓宽大桥川的问题。

公寓那个项目明显违反景观条例。多数委员建议县里收买那块土地建公园，不可思议的是进展不顺利，结果以降低层数而了结。如果与事实不符的话，作为景观审议会就会在官方媒体上公布业主姓名，公开点名是最大的罚则。

业主也有理由。几乎是建在同样的位置，建高层建筑可以，而盖公寓就不行，这的确令人不能理解。而且他们认为许多既有的高楼不是也破坏景观了吗？

就这样，这个县的景观条例，其结果被最可期待的两个项目阉割了。国立的公寓、宇治的公寓也几乎是同样的类型。由于景观措施的实施，这一类的建筑会不会消失难以预料。

出云建筑论坛

出云有一个称为出云建筑论坛的任意团体，前身为“出云风土记会”，加入了“建筑论坛”（1991年）的组建，改名为“出云建筑论坛”[35]。下一章将会提到，“风土”、《风土记》等地方志的编著也与景观有密切的关联。正如人们所熟知的那样，在日本唯一完整保留的书只有《出云风土记》（733年）。取其扎根土地之意命名了这个团体。

我记得很清楚上中学时的一个暑假，在祖父家（出云市知井宫町）后面的田地里发现了土器，交给了教育委员会引起了很大轰动。教育委员会判定充其量是弥生时代的器物令我很失望。在《古事记》中出云神话占了 1/3，被称为神话之国，而绳文时代的遗物并不多令人不可思议，也很不甘心。从出云的荒神谷遗迹中一次性发掘了铜剑 358 把，铜铎 6 个，铜矛 16 个，这是 1984—1985 年的事情。而且 1996 年加茂岩仓遗迹出土文物在日本全国也是最多的，发现了 39 个铜铎。使我一下子萌发出对古代出云的兴趣，回老家的旅途中，寻找机会游历了《出云风土记》中的世界。亲自见证了生活区域的古文化遗址，成为我思考地域风景的出发点。

出云有着上溯建筑原型最好素材的出云大社，以及被公认为"大社造"原型的神魂神社。在考证这些"出云建筑"源流的基础上，2000—2001 年又有了惊人的发现。从三个地方发掘出三根一组的巨大柱子，与传承到千家国造家的《金轮御造营差图》如出一辙。从建筑史学者的复原案例可以得知，用三根金轮将巨木牢固连接在一起的巨大建筑在世界上也是绝无仅有的。据说与朝鲜半岛有着渊源的四隅突出型坟墓的存在，探知地域景观层的线索存在于每个时代。关于景观层的话题将在第三章叙述，识别地域的景观层的基层设定在哪个景观层很重要。出云的景观基层是古代、记纪、风土记，这是没有疑义的（图 36）。

出云建筑论坛邀请了韩国建筑师张世洋举办研讨会[36]是为深入挖掘出云地域文化。召开观摩会、讲演会，可以说建筑沙龙是随处可见的，但这些建筑师们的活动对景观形成很重要。为什么呢？因为地域建筑师们日常工作的结果就创造了景观，对景观的建言献策的工作则是他们的领域。在第三章讨论的城镇建筑师之

图 36 《出云国风土记》(733 年)记载的出云古来的神社，上图：出云大社；下图：熊野大社鑽火殿(每年 10 月 15 日前来祭拜的出云国造在出云大社使用的神器的地方)

一的原型，就是这些地域的建筑爱好者们的团体。

但是尚存在几个问题，地域建筑师们在项目上相互又是竞争对手。参与大规模公共建筑的国家级明星建筑师或者大企业的设计组织事务所，对此或反对或协作的地方有实力的事务所、建筑事务所工会等，复杂地交织在一起，不可能是完全协作的。

与出云建筑论坛没有直接关系，让其成员也参加，让他们拍摄岛根县里的景观照片，目的是让他们通过列举出“有岛根特色的景观”或“没有特色的景观”“好的景观”“差的景观”“不喜欢的景观”……加深共同的理解，也是日常工作纠偏的机会。有时在某个节点将岛根县的景观记录下来同样很有意义。直接的目标是想让岛根县建立自己的景观手册、而不是全国统一的景观手册。而且实际也有在国家提供的景观手册上根据地域情况更换图片的，这不是很可笑吗？有这种朴素的创想。

但是，在选择手册中使用的照片阶段发生一些摩擦，作为负面例子选出的建筑其设计师立即就被知晓。为了避免这类问题的出现，结果变成只选择正面的例子。至于“好的景观”“差的景观”，是与价值观和美学意识有关联的，是相对而言的。

如果光是地域内建筑师同僚还好，即使碰面不说话，无意中就传达了气氛，一定的设计符号在某种程度上共有是普遍的，问题是地域外的业内同行。跨地域展开营业的门市部、路边小商店，不把地域放在心上。随意张挂色彩醒目的大型招牌，地域特有的景观意识极其薄弱。因此地域除了共有一定的设计符号的之外，出云建筑论坛那样的建筑师团体是必要的。

当然，日本的地方城市变成完全依赖机动车的城市也是一大原因，由于郊外型商业中心的普及，町的结构完全改变了，被称为“快门街道”，中心商业街的衰败历历在目。主要是引进了超出地域特色的千城一面的手法，这是由来已久的问题，也是破坏地域景观的元凶。

岛根景观奖

作为持续关注地域中景观的尝试有表彰制度。景观奖、城市建设奖、造城设计奖、城市设计奖等名目繁多，由各自治体进行有关景观的表彰。我迄今也参与过若干个评奖活动，如前所述，在出云作为委员参加了出云城市建设景观奖和岛根景观奖的评选委员会。

“好的景观”“差的景观”的价值判断是相对的，那么以什么为标准判断获奖价值，取决于各奖项委员会。即其判断有因委员的构成而变化的可能性。但是，表彰“这个景观好”反复几次后，地域就会形成一定的定势。有异议的话，就会引起争论。问题是，评价的视角和标准，这正是本书的主题，拟在第二章、第三章详述。

岛根景观奖，我从第1次到第15次直至（2007年）退出，已经持续了20年。岛根景观奖分①街道、绿化活动；②土木设施；③公建；④民间建筑；⑤户外广告物及其他5个领域，不分领域从中选出大奖、优秀奖、鼓励奖，这样的框架始终没有什么大的变化。①街道、绿化活动领域最初没有放在重要的位置，现在似乎成为主要领域。关于景观维护活动，持续性如何确保是问题。不仅是景观形成，维护管理活动也极其重要，并包含在表彰对象中，是岛根景观奖特色之一。

获奖者是业主及设计者、施工者。②③④限定于土木建筑相关的，专门把④分出来是想让住宅那样小的建筑也关注景观。是建筑奖还是景观奖的争论时有发生。景观奖的视角，评价标准放在建筑和其周边的关系处理上。如果是优秀的建筑，将其标准公开是理所当然的。

颇有趣味的是⑤，这与本书的结论也有关联。为了让人们关注谁都与景观形成、景观维护有关系，积极推举与近身的细节有关的小的设计。其中含有公交、列车的设计。具体的例子在第三章 2 节“景观层面、景区景观”中列举若干。

第 1 届大奖获奖者是大森町街景保护项目（大田市）和高濑川沿岸街景整治项目（出云市）。大森町街景整治项目关系到后来石见银山的世界文化遗产的注册（2007 年），我认为第 1 届荣获街景整体风貌大奖，基本奠定了之后发展的方向性。盐见绳手地区（松江市，第 2 届），矢尾 / 日下景观营造（出云市，第 3 届），大井谷的梯田（志贺町，第 9 届，后文图 56）等，首先对迄今历史形成的景观进行了评价，梯田的景观也选定了许多。

当然，也有建筑单体获大奖的年度。如岛根县立美术馆、岸公园、宍道湖袖师亲水型湖岸堤（第 7 届，松江市，1999，菊竹清训设计）、岛根县艺术中心操场（第 14 届，益田市，2006，内藤广设计）等。特别是岛根县立美术馆作为建在湖畔上的建筑是一个很好的因应，如前所述。

在建筑方面，景观奖为避免选择坡屋顶就行这种教条式的判断，作为“图”的建筑的必要性也有诉求，如“七类港终点站”（第 4 届，优秀奖，1996，高松伸设计，图 33b），也有对以陨石为母题的新型设计提出不符合景观奖的意见，但来自海一侧的景观，其标志性最终受到评价。只是为了让“图”成立，“底”也要做到位。不管多么巨大的建筑，其建筑与其周边的关系是关键，其建筑的本身不能形成景观。

岛根景观奖的获奖作品中河川整治项目也不少。即提倡亲水护岸，自然护岸的项目（图 37）。在土木设施方面，过去没有把景观作为课题。为防止砂崩，用混凝土加固凿开的坡面，或将河床及两岸用混凝土连成一体（三面贴付）的做法在整个日本实施过，是十分粗鲁的，完全不考虑景观。因此最近开发了各种坡面（倾斜面）绿化工法，多自然型工法等，看上去更自然的施工技术。

拆毁一度造好的堤，换上自然素材，或提高亲水性，不免会觉得这样太过浪费，但这正说明人们景观意识提高了。

大桥川景观营造

对我来说，原风景、记忆中的大桥川周围的风景就是二战不久留在日本各地的风景。在大城市圈，明治以后，本书所说的第三个景观层，即西欧风格的建筑以及现代建筑技术被引入，逐渐形成新的景观层，而地方城市留下了至江户时代的连续的景观层。战后不久受到战灾焦土化的大城市圈裸露出第二景观层。但是，日本的复兴速度惊人，其景观层以 20 世纪 60 年代为界迅速改变面貌。日本的地方城市也同样被“东京”化了。

大桥川周边的景观也发生了巨大变化。曾几何时，人们不能再游泳了（图 38）。实际上以大桥川为中心，战后不久推进的宍道湖、中海的淡水化是多年的课题。琵琶湖的内湖埋填等为增加粮食产量的开垦项目在推进，宍道湖、中海的开垦项目欲将广为人知的“国引神话”[37] 的出云景观彻底改变。

中海的淡水化问题为全日本所熟知，在中海与日本海之间筑堤坝，进行淡水化，将宍道湖、中海的湖水作为农业用水。与此

图 37 获岛根景观奖的河川整备项目 上图：小田川县单独防沙环境整治项目；下图：五右卫门川多自然型河川建设（照片提供：岛根县）

图 38 昔日的大桥川（广江俊彦，《大桥川广江俊彦写真集》，1993）

同时，填埋中海，建造工业基地，是二战后不久开始的项目规划，围绕着上述问题经过战中、战后，实施了为粮食增产填湖、扩大农田的政策。琵琶湖也是如此，许多的内湖被填埋。但是，中海开垦、有明开垦也是一样，存在着海水和淡水混合的问题。特别是中海、宍道湖还存在着靠汽水捕捉蚬子而谋生的渔业问题。花费了很长时间才征得渔业从业者的同意，得以推进中海开垦，但反对的声音仍然强烈。以《加油小库比》《山林小猎人》等漫画而有名的松江出生的著名漫画家园山俊二（1935—1993）[38]，当时是反对派的急先锋。随着时间推移，农业衰退，对环保的关心升温中，淡水化项目这一历史失误项目终于被放弃。这是进入21 世纪后的事情。

另一方面，大桥川有治水方面的问题。二战后山阴地方几度遭受暴雨袭击，每次大桥川都发生洪灾。留在记忆中的是 1972 年 7 月的山阴暴雨（图 39）。那时我到东京已有三年，听到暴雨的消息很是担心，电话联系家乡得知，大桥川发了洪水，我的家也被水淹了。幸好我家只是一层的榻榻米掀了起来，几乎没有大害，而松江的中心地区遭受了较大灾害。由于我没有亲身体验，也没有真实感，总之在下水道尚不完备的当时，污水倒流非常可怕。

虽然立即制定了对策，但在实施上遇到很大困难。最大的问题是中海的淡水化问题。还有上游的水坝建设等，如果不采取对策就会增加下游受灾的可能性。但其对策遭到鸟取县一方反对而不被接受，后来事态没有进一步的发展，制度的对策也没有实施随时间流逝而去。

放弃中海的淡水化（2002 年），为重新考虑斐伊川流域的治水对策的问题，2004 年成立了大桥川周围的街区建设委员会，

图 39 1972 年山阴暴雨造成的松江水灾(照片提供: 读卖新闻)

我生在松江长在松江，父亲曾经参与过松江市政府的治水对策制定工作，一直与宇治川利用委员会有联系等背景，被邀请进入了委员会。后来作为该会的副委员长，主要以景观专业委员会的委员长的身份参与工作。《风景中的环境哲学》（2005）、《生命和风景的哲学——〈空间的履历〉的解读》（2013）等著作的作者桑子敏雄（现东京工业大学教授），以及后来担任城市规划学会会长的岸井隆幸（现西日本大学教授），两位先生也曾是委员会的成员。伴随河川改造的街区建设是相当长期而棘手的项目。景观形成是百年、二百年的工作，要切实考虑到方方面面的问题，就其中部分问题列举如下。

第一是河川改造的必要性、有关依据的问题。要求与流域居民达成协议的《河川法》修订以来，特别是对水坝建设、超级防波堤等需要巨额公共投资的项目提出了疑问，就“脱水坝”的问题，在日本各地同样的争论正在持续进行。

就大桥川而言：①斐伊川、神户川上游的大坝建设；②连接斐伊川和神户川的排水渠建设；③大桥川的改造，称为三项配套工程一起实施是治水项目的协议条件（图 40）。其中 2 项对斐伊川上游的两个大坝建设和斐伊川流域直接向日本海分流的神户川排水渠建设业已开工。我认为大坝工程暂且不说，神户川排水渠是顺理成章的工程。斐伊川至江户中期为止是直接流向日本海的。剩下的一个是大桥川的扩宽。根据河川工学的分析计算，这三项配套是治水所必需的。河川工学方面的争论暂且搁置不论，实际上大桥川 2006 年发生了 33 年一遇的洪水。而且现今的异常气候，150 年一遇、200 年一遇的概率计算也令人难以置信，即让人感到任何时候发生灾害都不足为奇。以三项配套为前提已

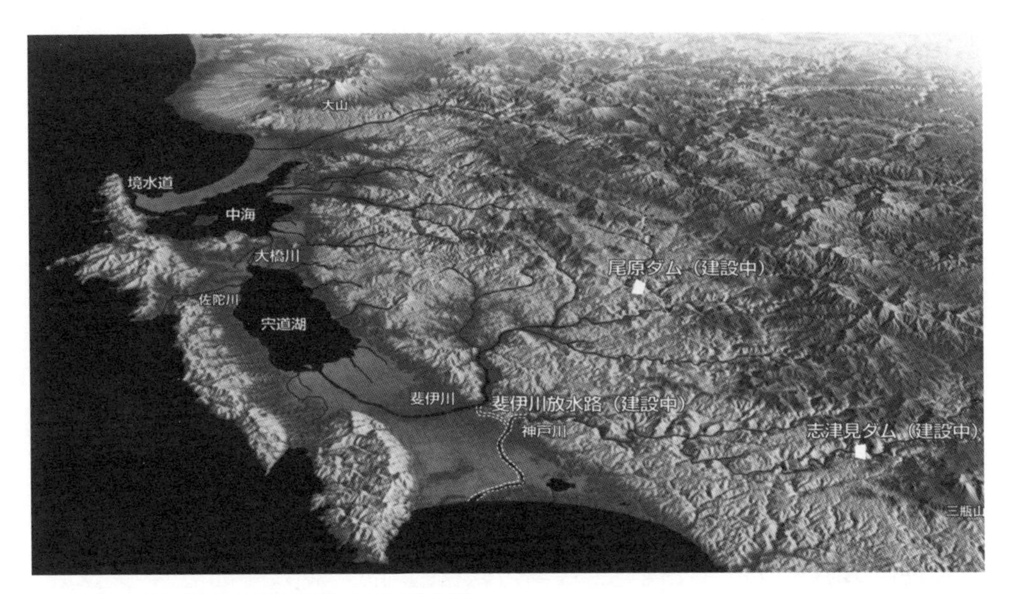

图 40 斐伊川 / 神户川治水规划（照片提供：出云河川事务所）

经先行的两项工程，使住在上游的人们不得不做出搬迁等巨大牺牲，大桥川扩宽规划也是迫在眉睫的课题。

扩宽的另一个前提是不挖掘河床。也由于其是日本有数的宍道湖（松江）蚬（大和蚬）的产地，不想大幅度改善生态环境，但是原先（最初）大桥川由于宍道湖和中海水位的变化而流动，即使下挖也没有太大效果，也是原因之一。

最大的问题，流过市区中心的河川，其扩宽给沿岸居住者带来很大影响。宇治川是由于没有扩宽余地才选择下挖河床的，而大桥川的拓宽无论如何是必要的。拓宽首先大大改变流入口大桥周边的景观，而且不雅观的女儿墙（防洪水用的挡水墙）

遮挡了观赏河川的视线也是大问题。也可以改变位于《出云风土记》时代称为“朝酌促户”的开放流出口多贺神社周边的景观（图 41）。

首先，关于流出口，尽可能保护多贺神社周边的景观，在其前面设亲水地带进行处理。以及对筑堤、挡水墙进行各种设计。也有将泛滥受害控制到最小的治水策略。还有“叠堤”的创意（图 42）。所谓叠堤，是遇到水灾时代替沙袋，使用榻榻米的方法，具体而言，为了让榻榻米可以竖向嵌入而先立柱子，在兵库县的揖保川等实际上已经在建。作为一年一度的防水灾训练，也搞榻榻米的铺设训练。还有造价问题，以及部分社区因力量变弱而无法组织水防团的问题，但利用这些智慧，使用现代的叠堤，例如，开发使用透明的材质，在视觉上经常可以看到河面，研发平时可以接近水、非常时期能够立即变成防水墙那样的叠堤的产品。还讨论了用如泥石护岸。所谓如泥[39]是松平不昧公[40]手下专聘的木工，承包了宍道湖的护岸整备工程。使用其护岸石的创意，在现代如有如泥的存在，就是名副其实的城镇建筑师。

作为景观问题成为热点话题的是大桥的重新架设的问题。为什么重新架设大桥要作为问题提出，因为大桥有源助作为人柱[41]的传说深受市民的爱戴。除了拓宽还有老化问题，有垫高的必要。

现在的大桥，已经不是小泉八云在《不为人知的日本面貌》中用“无毒的蜈蚣”进行比喻，不是可以听到呱嗒呱嗒木屐声响的原初的桥了（图 43）。历史上也几经重新架设，目前的桥已是第 17 代了（图 44）。继承现在大桥进行 18 代大桥重新设计固然好，但主张原封不动保留下来的意见也不少。抗震加固和翻

图 41 朝酌促户

图 42 揖保川的叠堤(照片提供：TATUNO 市总务部危机管理课)

图 43 改造后的大桥川形象（角度从东向西）
a：上游；b：中游；c：下游

图 44 大桥的变迁

a：明治末期的大桥（第 15 代照片提供：松江历史馆）；b：大正初期的大桥（第 16 代照片提供：松江历史馆）；c：现代的大桥（第 17 代照片提供：出云河川事务所）

建，记忆的继承和新貌有不少契合设计竞赛主题的方案。

关于景观，还有许许多多问题，不单纯是河岸的设计、桥的设计问题，制定与大桥周边街区规划一体的景观规划十分必要。生态环境、生活环境本身比什么都重要是不言而喻的。通过大桥周边街区建设委员会，只要有机会，特别是每当有保持原样反对拓宽的发言时，我就表示想在大桥川游泳、垂钓，要把战后不久的景观作为讨论的出发点。因为这半个世纪，大桥川周边的环境改变太多了，我不认为应该保护这样的景观。

以上便是景观形成的做法，我思考了一些原则、方针，成为其素材和依据的是文中各种经历。

Basic Theory of Landscape Design

第二章 风景原理

1/ 景观 · 风景 · Landscape
2/ 文化的风景
3/ 景观价值论

第二章　风景原理

《风景学入门》《风景为何物》《风景的研究》《风景和景观》《再考“景观”》《风景的哲学》等，以景观或风景为选题的论著汗牛充栋。不仅是地理学、造园学、土木工程学、城市工程学、建筑学、生态学等领域，还有社会学、经济学、政治学、伦理学、哲学等领域，可以说所有的领域都把“景观”或“风景”作为讨论的对象。

那么“景观”为何物？“风景”为何物？而且景观或风景一词根据不同的概念提出什么问题？在各个领域有着不同的论述。本章拟将景观及风景的基本概念做一梳理。

日语景观一词，德语为 landshaft，在西语系法语为 paysage，荷兰语为 landshap，英语为 landscape 等均是同义语，包含这些相关的西语系的概念可以看出其内涵和外延。本章拟对所谓的“景观论”或“风景论”的基本概念框架进行确认。即所谓风景原理。

1/ 景观・风景・landscape

首先分析“景观”和“风景”一词的原意。

例如，根据常用的字典有如下解释。

《广辞源》

景观：风景的外观、景色、眺望以及其美丽。自然与人世间的情形混合在一起的现实状态。

风景：景色、风光。其场所的情景、风姿、风采、人的状态。

《大辞林》

景观：（1）景色、景致、特别优美的景色。

（2）德语 landschaft 根据人的视觉捕捉的地表面的认知图景，分山川、植物等自然景观及耕地、交通道路、市区等文化景观。

风景：（1）展现在眼前的景致、景色。

（2）其场所的场景、情景。

如上所述，两本字典对“景观”“风景”解说没有什么区别。即景观＝风景的外观，都是用“景色”“景致”这样的词汇描述的。特点是景观是与“美丽”或者“优美”这些价值观结合起来的。

此外，“情景”“风光”“风姿”“风采”这样近义词的浑然使用。包含这类同义词在内通过与“景观”“景致”结合。

景

首先分析，共同的“景”的涵义。

“景”字是由“日”和“京”组成的，“京”有光的含义，即意为白天的“光”或“阳光”。

“观”是“观看”“眺望”，即景观的原意为“观光”。“看”的行为是主体的行为，还是视觉的知觉作用有很大的不同。一般依靠视觉（光）来捕捉的世界为景观。夸张地说，进入视线的是景观。“观”意味着包含有从“看”“望”到“见解”“看法”的意思。而在佛教中称“观察真理”及“细微的分别心”，也有“达观”一词。还派生出“观念”的词语，有“宇宙观”“世界观”等，但在这里就“观”的展开到此为止。

“景”大约有以下的用法。

A 地景、野景、山景……

B 烟（焰）景、雪景……

C 曙景、夕景、暮景、晚景、夜景、春景、秋景……

D 真景、实景……

E 佳景、胜景（景胜）、绝景、奇景、致景、美景……

F 远景、近景、前景、后景、小景、全景、点（添）景、背景、借景、倒景……

G 一景、三景、八景、三十六景……

A 类是与自然地形有关。与水有关的词汇在日本一般不使用，但有水景(waterscape)，河景(riverscape)，湖景(lakescape)，海景(seascape)等。一般有“场景”一词，称其场所的“光景”。景为“光”的意思，因此光景是同义重复。

B 类是表达与气候有关的自然景观。正像有气象景观（cloudscape）的英语词汇那样表达的“云景”一词也不足为奇。

C 类是与一天或一个季节的时间变化有关。也有“时景”一词。

D 类也许没有“虚景”“幻景”的词汇，但与“景”的虚实有关。

E 类与景观的评价有关。总之都是些表意美丽、壮观、稀奇的景观。

F 类与景的构图有关。

G 类是美景的量化，风景的量化（排序）的表达。

区别光的各种状态，视觉的不同作用，实际存在多种用法。所谓“朗景”是明亮的景色，但没有“暗景”“闇景”的说法，因为“景”即是光是不言而喻的。

所谓“景色”（景致）是“景（光）”的“色”。经济活动也有专门使用“景气（景况）”一词的。原本是状况、情形，光景以及景观“景色”或增添景观的意思。“此岛的景色之美，难以言表”等在和歌、连歌、俳句中如实地去赞美其景色和情景的，就是“景气”。

说道“情景（景情）”是加入了“情”，不能说仅与视觉作用有关。就是说“景”，有不限定视觉用法的外延，其中之一是风景。

风景

风景是在“景”上添加了“风”。“风”日语读作“KAZEI”，意为空气的流动。如果读作“FUU”，就可以加上各种意思。

A 风雨、台风：风、刮风

B 风习、风俗、家风：习惯、惯例

C 风雅、风流、风情：旨趣、趣味（味道）、状态

D 风貌、风采：装束、姿态

E 风教、风靡：飘动（飘扬）、教诲

F 风评、风闻：传闻、世间评论

G 风邪、中风、风病：疾病

所谓“风”原本是中国《诗经》中六义（赋、比、兴、风、雅、颂）之一，是指各地（国）的民谣（歌）。日本也广泛使用在表达某范围的土地、社会中所看到的生活方式、习惯之意。

像“XX 风”那样，附在名词的下面，属于这类，有这个趣旨等被赋予了含义。在风景中也含有中文的意义。即“民”的“谣”，即包含各个地方及地域的“音”。

景观的“观”，即专门依靠视觉捕捉的话，风景就是在“景

（光）”上附加“风”来捕捉。因此在视觉上加上听觉、触觉、甚至与嗅觉也有关。“风”随风飘曳的东西，或者云、烟等视觉上也能感觉，肌肤也能感觉。风带来某种声音，耳朵也可感知到。《诗经》六义把风作为各地的民谣，也是表达了“风”与声音的关联。而且臭味也会通过风传来。

桑子敏雄认为“所谓风景是‘风和光’，‘景色’与景观不同的是包含‘风’这一点。‘风景’与‘景色’一样，依靠视觉体验被感受，风是大气的流动，因此不可以直接看到，只能根据云的浮动、树叶的摇曳，水面产生的微波以及烟的漂浮可间接地看到。进而可以感知送来的梅花的芳香。这些风景，不仅是视觉，依靠其他感官也可以综合地感知到”（桑子敏雄，1999）。歌颂“风”的西行之歌等涉及在此基础上将风景定义为“出现在对身体的配置全面感知的履历空间的相貌”（桑子敏雄，1999）。所谓“履历空间的相貌”比较难理解。自身（身体）置于空间中被积累时，称之为“履历”，西行之旅的空间的履历，超越时间来访被写入我们履历，这就是风景。桑子所说的风景存在于我们的身体近旁。

由于“风”和“光”使我们能捕捉展现在我们面前的世界就是风景，但风送来的东西不仅限于光。将景观和风景的使用加以区分。首先如上所述，在捕捉对象感觉中，可以区分的是以视觉为主，还是包括视觉在内所有感官，其次对对象观察的作用也不同。

landscape

景观（landscape）一词并不是日本固有的语言，是植物学者三好学[1]（1862—1939）对德语 tandshaft 的译词。

另一方面“风景”一词是从中国传来的。“景色”“光景”等词汇的使用也是由来已久的。在中国“风景（fengjing）”一词最早使用的例子，可见于公元3—4世纪时的《世说新语》[2]。另外“风光”一词自六朝、隋、唐就开始大量使用。

用“光”和“风”来捕捉自然的观点、精神层面并不是很普遍的。在中国，“风光”一词的成立（问世），与六朝期间“自然”观照态度的确立不无关系。在此之前“自然”被看做具有比喻的意思，吸引人们去看，对此，把“自然”作为独立的对象物去观赏成为可能，风景的概念确立了。即围绕风景这一概念，究其本质是“自然”观，“自然”认识。

即“自然”究竟为何物的大问题是其本质，正像辞书所说，不仅是“自然”景观，“文化”景观，即“自然和人世间的事项混杂在一起的现实状态” 包含在日语的“风景”中。

景观或风景一词的讨论，由此有必要放在全球视野中展开。

德语中land意为“土地、田舍、地方、国土”，landshaft意为“地方行政区域”，意译为“土地性”或土地的形状（paese）。总之landshaft都含有“土地”或“地域”的概念。

英语的landscape也好，德语的landshaft也好，都基于荷兰语的landshap。而且“土地的形状”的原意，法语的paysage也是同样，据法国地理学家风土观Augustin Berque称paysage的概念在16世纪佛兰德（flande）就出现了（1992）。

不是将“自然”作为绘画背景，而是描绘自然本身的佛兰德派画家们的问世，确立了paysage以及landscape。之后，荷兰语的landshap经过口语英语的landskipe到landscape，即“风景画”的确立和“风景”之概念的起源是同步的。

Scape 一词其他还有 scene、scenery 等词汇，基本上作为“景”来认知就可以了。Landscape 直译为“（土）地景”。只是说道“地景”就会联想“地形”——土地本身（地面）的形状。因此，更为广泛（一般）的景观的译词被选用了。如果译为“地景”与地形的关系也许更加清晰。

景观也好，风景也好，日本语其本身不包括对象。但如上所论证的那样如何看待“自然”或“土地”“地域”是其前提，把其自然本身作为对象来把握的知觉的状态、认识本身与风景或者 landscape 概念的确立是紧密相关的。在这个意义上，landscape 的译词对应汉语的“风景”不是很贴切吗？但实际上 Landscape Painting（风景油画）被译成风景画。但是如果 landscape 概念的确立与近代西欧“风景画”（日语不说“风景画”）的确立相关的话，原封照搬中国远在六朝时期成立的“风景”译词是有问题的。

被视为风景画的先驱者是帕提尼尔[3]（J. Patinir，1480—1524）（图 45）以及博西[4]（H. Bosch，1450—1516）都是佛兰德画家，在佛兰德确立的风景画，以将视点放在前面、远方高空中的鸟瞰式的构图为特点。其全景式的俯视构图被称为“世界风景”，实际上其本身就作为一个世界被描写。为何在佛兰德地方早早确立了将世界尽收眼底的风景画是一个有趣的话题。在美术史上相关的争论也没有明确的结论，但背景是迎来大航海时代戏剧性地扩大、转换的新世界观。当时在开通了去亚洲的非洲航线，去美国的大西洋航线中，安特卫普代替地中海沿岸城市，成为大航海的一个主要据点，同时欧洲域内也由于连接有丝绸、香辛料（香辣调味料）的中东以及有谷物的波罗的海，有羊毛的

图 45 西方早期风景画 左上图：J·帕提尼尔，《埃及大逃亡》（照片提供：Bridgeman image）

英国南北贸易而繁荣，成为欧洲的中核城市。完成由博西、帕提尼尔创建的，独特的风景画传统的是布里赫尔[5]（P. Bruegel, 1525—1569）。

由于风景画的诞生人们对自然的看法随之转变，以帕提尼尔为首的以“风景画家（landschaftmaler）”一词来称谓的是丢勒[6]（A. Durers，1471—1528）。他本人也画风景画，画面上不能画人物。最初画“纯粹的风景画”的是丢勒。山本义隆将丢勒定位为文艺复兴中摸索新科学技法的艺术家之一；同时就其风景画论述到“不描绘人物的风景画问世，是挣脱美术对宗教的从属，向解放（自由）迈出的第一步，同时，表现出把自然看做是独立于人的客观世界的心性的诞生。其结果从人类位于中心的世界转向人类从外面来看世界的世界观。”[7]丢勒制作了世界地图，描绘了天体图，还描绘了精美的动物图和植物图。其著作《尺和圆规测量术（教则）教程》（1525）以及《人体均衡论》（1528）。给后人以极大的影响，风景也能被测量、被科学地描写。

另一方面有中国“山水画”的传统（图46）。据说山水画真正开始兴起是始于六朝时代，达到完全独立领域的有吴道玄（道子），李思训、李昭道父子以及王维等辈出的盛唐时代。进而把山水画作为专业的画家被认可是从中唐到晚唐时代。山水画从隋唐也传到日本，并融入到“大和绘”中。

中国文学者、中国图像学大师中野美代子认为，风景意为映入眼内的“某土地的景致（scenery）”，真正意为山和水的山水正是中国观念上的自然。因此比起landscape风景译词，山水译词更为贴切（Michael Sullivan，2005）。Landscape也好，山水也好，都是作为对象的自然。景观这一新的译词是

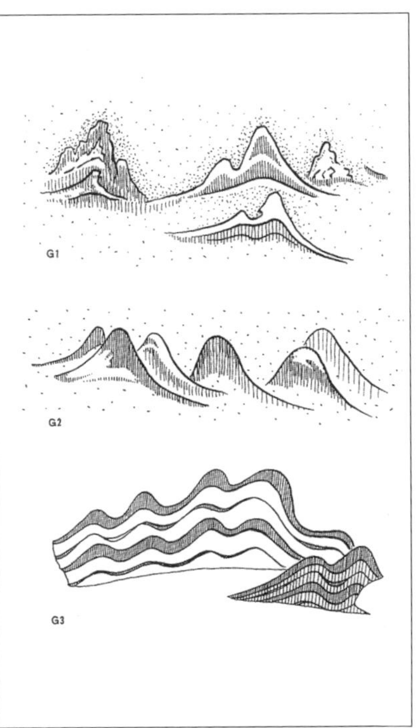

图 46 东方早期的山水画及风水示意

混乱的起因。

当然，虽说作为对象的自然，但作为画的表达是不同的。耶稣会的传教士初次客居北京，用汉语写下《交友论》《天主实义》《几何原本》等的利玛窦（Matteo Ricci，Limadou）在晚年写的报告中贬低道“中国人非常喜欢绘画，但不及我们……他们不懂油画，绘画中不画阴影，因此绘画都很苍白，完全缺少绚丽色彩。”中国文化造诣很深的利玛窦从其绘画观中可以看出东西方的差异。中国传统“山水”或“风水”的概念与欧洲的 landscape 概念之间的差异就是有趣的课题。

关于风景这一日语，内田芳明的《风景为何物》（内田芳明，1992）的现象学分析简明易懂。所谓风景即“风情”—“情景”可以解释为带有“情”而成立的（“风景”）。风景是情，即含有精神和感情的东西。

那么风景也好，景观也好，主要是表现主观性，或者充满感情性，对此 landscape 是表现对象性、客观性以及场所性的。“日本的情况是就对象而言主观的感知方法，感性的，自我为中心的喜好，以感知方面为主来表现的。而西欧的情况是从主我性，主观性出发，大体是自由的，对外界的土地，其地理的空间性，风土生活环境的场所性（拓扑性）和形状性（形象），以这些特征作为‘风景’来认识的。”

一般认为对象的客观特质与捕捉它的主观地把握其重（力）点是不同的。奥古斯都 · 伯克（Augustin Berque）称之为“西欧的景观，日本的风景”（1990）。内田芳明认为景观表现“自我为中心的、主观的、自私（任性）的见解”“将对象碎片化的见解”。与现象学概念下的风景加以区别。但是景观如上所述原本是译词，基于伯克观点，本书将西欧的概念 landscape ＝景观的概念与中国、日本的“风景”加以区别。

景观与土地的客观形状相关，风景与对土地主观的认识相关，换言之，景观是“我们看到（We see）的”，风景是“我们感觉到（I feel）的”，只是风景不是单靠视觉“看”到的，而是通过五官感觉到的，这点如上所确认的那样。

自然

景观与“土地”的形状有关，风景与“自然”或“土地”的感觉或认知有关。景观、风景分别与“自然观”“土地”观相关的情况从之前的有关语义的讨论中也可以获得理解。

那么，“自然”是什么？在风景战争中，经常就是否是“自然”成为争论的焦点。

汉语的“自然”意为“本身的状态”或“本身固有的”。《老子》中有“悠兮，其贵言，功成事遂，百姓皆谓‘我自然’”（第17章）“人法地，地法天，天法道，道法自然”（第25章）等论述。自己无为的状态，就是尊重万物的原初状态。“以辅万物之自然而不敢为”（第64章）。尊重万物本来的状态，即“万物”或“天地”的，“没有人为的干预，本身原初状态”就是自然，“不加人为，保持原初”就是“无为自然”。可以认为这一汉语的“自然”原封不动进入了日语。原本念作（jinen），重要的是“自然”表达了某种状态（“然”）的语言，不是表示存在的语言。

“自然”这一概念、词汇原装传入日本一事有许多例句表明，空海的《十住心论》（《秘密曼陀罗十住心论》）中，“经中自然，谓一类外道计，一切法，顺其自然，不得造作”（卷第一）这个“经中自然”的“自然”是梵文 svabhava，译成与生俱来的意思。从佛教的自然观来思考颇有意味。空海谓之“位于大唐某地的老庄的教义，站在天的自然之道也与这一规划相同”也很有趣味。往下有亲鸾的《自然法尔》[8]一般作为表达“自然”，不是人为的，是作为天然的形容词或副词来使用的。江户时代的医生，也是思想家的安藤昌益（1703—1762）在《自然真营道》（1753）中，也把“自然”用来形容生命的活力。

“自然”是指包罗万象的对象，世界的普遍（现象），成为名词是引入兰学的荷兰语 natuur 的译词之后。1796 年（宽政八年）出版的稻村三伯的最初的兰日辞典《波留麻和解》，natuur 译为“自然”一词初次被使用。荷兰语 natuur，英语 nature 的来源是拉丁语的 natura。Natura 是从动词 nascor 派生出来的，希腊语 physis 的译词。Physis 也是从动词 phyomai 派生出来的。意为自发、自生的一般，成为人为的规则，习惯的 nomos 的反义词。

只是，最早在希腊也把“人类出生、成长、衰老、死亡”一般规律，看做是“自然”的；“自身有运动变化的原理”（亚里士多德，Aristotelés）是“自然”的。即不是无机的自然，是有生命，有机的自然。但是，在基督教世界中出现了神－人－自然截然不同的阶层性秩序。即，自然也好，人也好，都是由神来创造的，神完全超然于这些东西。人与自然也不是同格的东西，当然位于自然之上，由神授予支配和利用它的权利。近代西欧的自然观，本质上是继承了被基督教世界包含的自然观；可以说在方法论上进一步使其自觉发展了。

总之，“自然”“nature”都意为“没有人为干预”的，但其“状态”、“对象”、生存方式、存在方式的某种价值状态、意为自生的“东西”等西欧与非西欧是不同的。

人为的还是自然的区别导致了“自然景观”和“文化景观”的区别，但是今天难道还存在没有人为干预的“自然”吗?

例如，人迹罕至的土地等在地球中几乎没有了吧。是珠穆朗玛登山道的垃圾成为问题的时代，人类探险的最前线是宇宙。然而宇宙也由于火箭、人造卫星的残骸等垃圾成为问题。当然，没有由于个体行为的破坏而改变的、宏伟的大自然在地球上今日依然存在。但是正像异常气象成为话题那样，人为的破坏影响到地球环境整体以至气候。即今日“自然”中多少都有人为活动的参与。因此，展现在我们面前的景观，可以说基本上是“文化的景观”。

围绕着人为与自然存在着有趣的讨论。打理十分到位的杉林（如北山杉）与杂草丛生的原生林相比，日本人多数感觉前者是“自然”的（图 47）。即没有人为参与不一定就被认可是“自然”的现象也有，“自然而然”的原理在这里并不存在。

问题是，自然和人为的关系，从根本上发生了变化。近代科学技术所依据的“自然”观，基本上，自然是独立人类的另一个外界对象，人类可以支配（统治）的、或者可以征服的。由于这种自然观是支配性的，事实上“自然”被不断地“人为化了（人为环境化）”。

成为景观或风景的“自然”，如上所述，并非作为外在对象的“自然”。回归到中国，日本的“自然而然”的自然观，那么今日的自然作为一个“活的系统”，有必要重新把握。“活的系统”的自然，不是机械地将要素堆积在一起，是具有要素间紧密的相互作用的整体。如果不施加人为因素的自然已经不可能了的话，人不是游离于自然系统之外的，而是其中一员，要与“自然”系统和谐相处。即所谓“与自然共生”。佛教说的“共生”是指包括人类的世界一起生存的意思。

2/ 文化的风景

据说，居住在阿拉伯半岛绿洲城市的人们很享受去沙漠旅行，从日本人的感觉来说是难以理解的。但是世界中有各种各样的土

图 47 人工林和天然林
上两图：北山杉林（京都府）；
下两图：北八岳（长野县）

地以及景观。

看看本书所涉及的若干有代表性的景观论、风景论、风土论。这时“日本”的框架本身就成为问题。问题是“土地的形状”，日本国土从南到北，也是有着各种土地景观，因此，对“日本”这一景观、风景是否可以一概而论是另一个层面的问题，即成为日本文化论的问题。但是即便把“日本”与其他某个地域（如阿拉伯半岛，巴西等地区）置换的话，也会出现同样的问题。如果超越土地或地域传播的是“文明”的话，那么被土地或地域束缚的就是“文化”。

思考景观，不仅是思考日本，也是思考世界的“土地形状”。

风水

在中国自古就有“风水”学说和理论，就有关如何把握土地，如何营造景观，构建了极具实践性的知或术的体系的就是风水。其诞生于中国，传到朝鲜半岛、日本、菲律宾、越南等地，其影响圈域遍及中国周边国家。不仅如此，时至今日，风水或中国地相学还在世界广泛流行。

风水在中国也称“地理”“地学”。此外还称“堪舆”“青乌”“阴阳”“山”等。称为“地理”“地学”的话，多少还可以理解，称为风水书的书籍类，一般不冠以“风水”一词、书名中包含“地理”语汇的较多。据三浦国雄（2006）说，冠以风水之名的只有欧阳纯的《风水一书》。“地理”是对应于“天文”的。即领悟山、川等大“地”的“理”，“地勘”原本是选择吉日的占卜，勘天道也（勘意为天道），舆地道也（舆意为地道）。“阴阳”是来自以风水为基础的“阴阳论”，“青鸟”源自《青鸟经》，传说上的风水大师——青鸟子所著的风水书。“山”是“山师”的“山”。游山（踏山）发现矿脉、水脉的是“山师”。

“风水”是“风”和“水”，狭意指气候。奉为经典的郭璞（276—324）[9]的《葬经》有以下有名的依据。

风水之法，得水为上，藏风次之（风水的首要原则是得水，次为藏风）。

用一句话总结风水的基本原理就是“藏风得水”。此外风水的核心概念的“气”有以下说明。

“夫阴阳之气，噫为风，升为云，斗为雷，降为雨，行平地中而为生气”。

阴阳两气运行不息，不断变换成风、云、雷、雨生气之表象流走于土地中生发万物。

风水说，以论述这个“气”为核心，引用阴阳、五行、易的八卦说而成立。据说管辂（208—256）[10]以及上述的郭璞将风水说体系化了，特别是在江西和福建风水师辈出，形成流派。重视地势判断的是形（势学）派（江西学派）；重视罗经（罗盘）判断的是（原）理（学）派（福建学派）。中国的都城理念（《周礼》考工记“匠人营国”条）诞生于中原，一直被参照，风水说发生在中国王朝的“中国”观，“天下”观的周围是饶有兴味的。

风水说，专门作为术来使用，与选择认为最吉相的地，在其上建造都城、居所、坟墓的地相学、宅相（家相）学、墓相学相结合。活人住的住居称阳宅，墓地称阴宅。阳宅风水即所谓的家相。以为客户鉴定吉相之地为职业的人被称为“地师”“堪舆家”“风水先生”“风水师”等。

关于风水说理论上的诸多问题，让位于论述它的诸多专著吧。

风水说作为“迷信”或“疑似科学”，被认定为缺少科学依据的。而且风水说如前所述有很多流派，有诸多学说，其体系尚未完全厘清。虽有风水热，但依据、出处尚不清晰。作为占卜的一种来看待（处理）的不少。但是可以期待的是风水说可以提示对“风水”“地理”的传统的理解，及景观、风景的解读方式，本书所关注的也是基于这个视角。

在中国，在社会主义体制下，迄今对风水基本持否定态度，不屑一顾。但是最近对其有所重新认识，与建筑、城市规划相关的，从环境工学上对风水说重新进行解读的著书相继出版[11]。

风水说，首先就有关世界的地理，其整体面貌（天下的大体框架）进行叙述。接着提出王朝的首都、帝都的选址问题。然后作为具体方法包括龙法、穴法、砂法、水法的“地理”的四科被论述。龙法是发现生气流动的“龙脉”的方法，穴法是找出生气浓密集中的“龙穴”的方法，砂法是围合“龙穴”周围的方法，水法是让水流动的方法。所谓的“龙脉”是指山脉，砂是指山。在风水中，龙作为隐喻，其作用极具象征性。龙法的鉴定（选择、诊断）用于生龙、死龙、强龙、弱龙、顺龙、逆龙、病龙、杀龙等类型。穴形也是就穴法而言，也有若干的类型论的展开。龙法、穴法也是景观构成要素和其配置，即与景观的结构有关。

例如，具体的作为风水论说，一般流传的是“四神相应”（青龙 = 东，朱雀 = 南，白虎 = 西，玄武 = 北）。这在平安京现京都就是基于这个理论建造的，包括城市规划、选址、布局规划。“穴”的前面为朝山，案山，背后为乐山、罗城、水口等诸山。做成模型沙盘。水法是评价各种水源、水流的形状。水从其形态上分成各种类型，叙述其得失（吉凶）。

台风、洪水、缺水等风、水的问题今日仍困扰着我们。风水现在重新被肯定，甚至成为“热点” 唤起了人们关心，是可以理解的。

在中国发源的风水说，传到朝鲜半岛，在那里，三国时代就作为都邑选择（占地）的论据而被重视。被新罗末期至高丽初期的道诜（827—898)[12] 体系化。有关朝鲜的风水论著有村山知顺的《朝鲜的风水》（1931，图 48）。

道诜把朝鲜的地形比喻为舟形，太白山、金刚山是其船首，月出山是其船尾，扶安的边山是其舵，智异山为桨，云径山为腹部，在此基础上为了国家的安宁，即让舟安定，主张在要所建寺塔，安置佛像。这个宏大的构图，宏观的地理观，可以整体掌控朝鲜半岛。风水说，在高丽时代也重视与建佛寺相结合，此外在王都选址上，风水也受到重视，经常成为迁都论的论据，李朝向鸡龙山的迁都规划，以及向首尔迁都也是依据了风水说。

在韩国社会，风水至今具有很多意义。在序章中叙述的由于断脉说（野崎充彦，1994），大韩民国国立中央博物馆（旧朝鲜总督府）的拆除事件被象征性地表达了。墓地的选址等，在一般庶民中，对风水的关心较高，依据风水师鉴定是不足为奇的。

但是，日本是如何接受风水的呢？在《日本书记》推古天皇十年（602 年）“百济的僧、观勒来到日本，捐献（带来）了历、天文、地理、遁甲、方术的书”。至于该“地理”书的具体内容，那以后的归宿不得而知。了解其命脉的是“阴阳道”， 在《日本书记》中可以看到让阴阳师为首都占卜合适“相地”的记事。

传（带）到日本的风水书本身没有被解析，但后来一般风水的选址思想被普遍接受，体现在日本的“家相”或“气学”的传统之中。

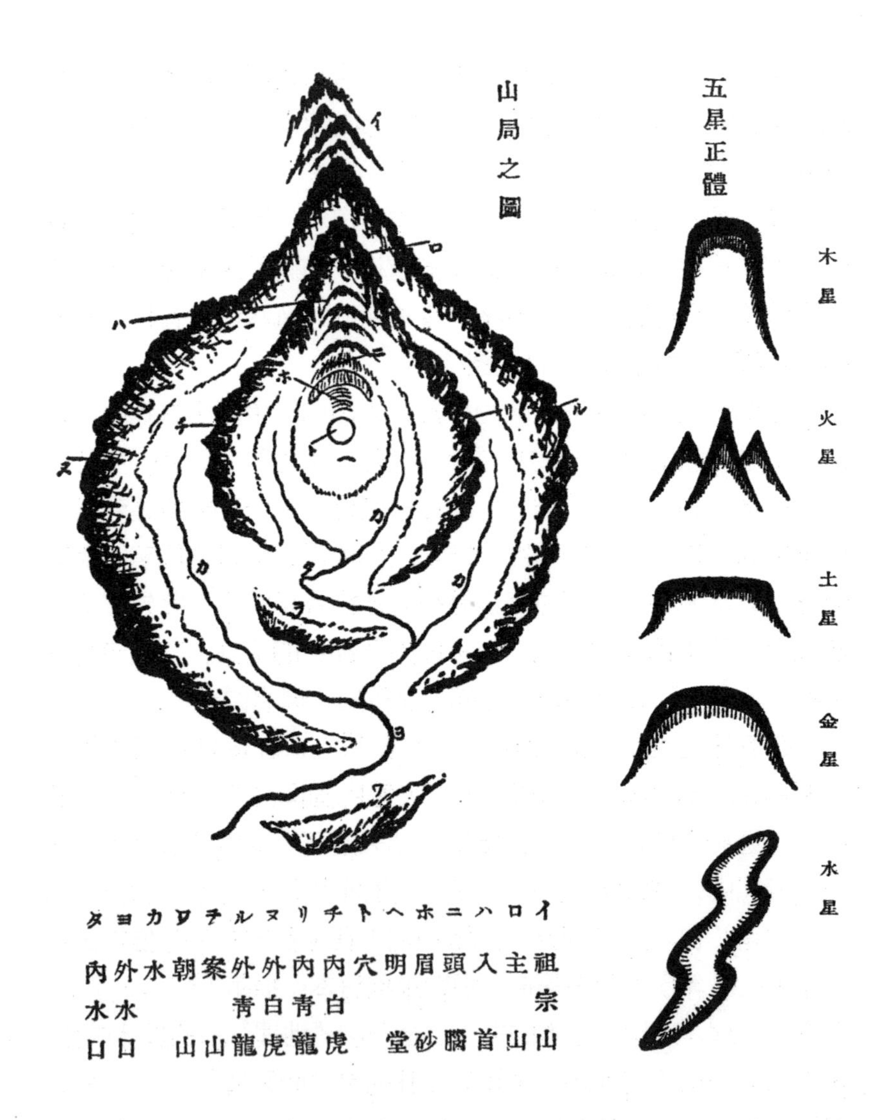

图 48 风水图（村山知顺，《朝鲜的风水》）

中国台湾省的城市规划学者黄永融（1999）认为平安京等日本的都城是根据风水说营造的，似乎可以算作一个解释吧。此外，考古学者来村多加史（2004）的《风水和天皇陵》等著作，实为趣味盎然的考证也不少。

风水说，特别是日本的都城是基于中国的都城理念建造的，这是不争的事实。关于这一点请参照拙著《大元都市——中国都城的理念和空间结构》（布野修司，2015）。此外，可以认为前方后圆的古坟形状也与天方地圆的中国宇宙观不无关联，还有佛教建筑，中国建筑全新的建筑技术也传到了日本。

古墓的建造，佛教建筑的引入，以及都城的建设，给日本带来了全新的景观，都是人为的造型，也是日本景观做法的出发点。

风土记

Landscape 或 landshap 如前所述，原本是“土地的形状”的意思，表达一定地表空间的整合状况 = 地域的概念。

地理学把景观作为极其重要的概念使用。在这个意义上是理所当然的。景观是各个土地的自然、文化、社会的生态上的表现。

那么，景观或风景为前提的一定空间的整合如何被感知和认识呢?

与“风水”并列的有“风土”一词，提到风土，人们立即会联想到《风土记》。

看看唯一完整版的《出云风土记》，首先将出云国地域进行了划分，分别为“郡”“乡”。要求“郡、乡的字用喜欢的字命名，详尽记录郡内产生的银铜、色彩、草木、禽兽、鱼虫等品目及土地的肥瘠，山川原野的名号的因由；还有古老相传的旧闻逸事，也都要记录在史籍上。”按照这个要求，列举了其地名的因由、地形、产物等。这正是“土地的形貌”。

古墓，佛教寺院，都城形成了全新的景观。另一方面，记述当时地域形貌的是《风土记》。《风土记》记载的世界是第三章叙述的日本第一景观层。第一景观层可以看做是停留在从绳文时代开始到《风土记》的“日本”框架形成以前的景观。

关于《出云风土记》有诸多的论著和考证。近年的论著有对出云主义者来说颇为刺激的是《出云与大和——探知古代国家的原貌》（村井康彦，2013）。历史学者村井通读了《出云风土记》，从地政学的角度解读了其编者出云国造的意图。我目前还没有对日本古代史进行论述的底蕴和能力，但关于古代出云的中心，以及邪马台国和出云族的关系，他和迄今的观点持有不同的看法，进行了具有说服力的揭示。尽管从荒神谷遗迹和加茂岩仓遗迹中出土了空前的铜剑、铜矛，出云对大和王权的铜剑，铜铎的宅配送，即从属于大和王权的存在这一从前的定位并没有释然，而村井说，将出云王国与倭国、邪马台国以至大和王朝的关系，包括传说的“魏志倭人传”的行程，距离的记述清晰地梳理出来。

特别是倭国的成立，以及国土出让，大和朝廷成立的历史记忆和具体的土地形貌叠加的形式在《出云风土记》中被记述。有关大桥川周围的景观造城，在前章（4 松江）提到了称为朝酌促户的市（图 41）。就该市附近的大井浜记载的历史根据，“海鼠、海松还有制造陶器”等为根据复原了从事农业、渔业以及窑业的村庄（图 49）。

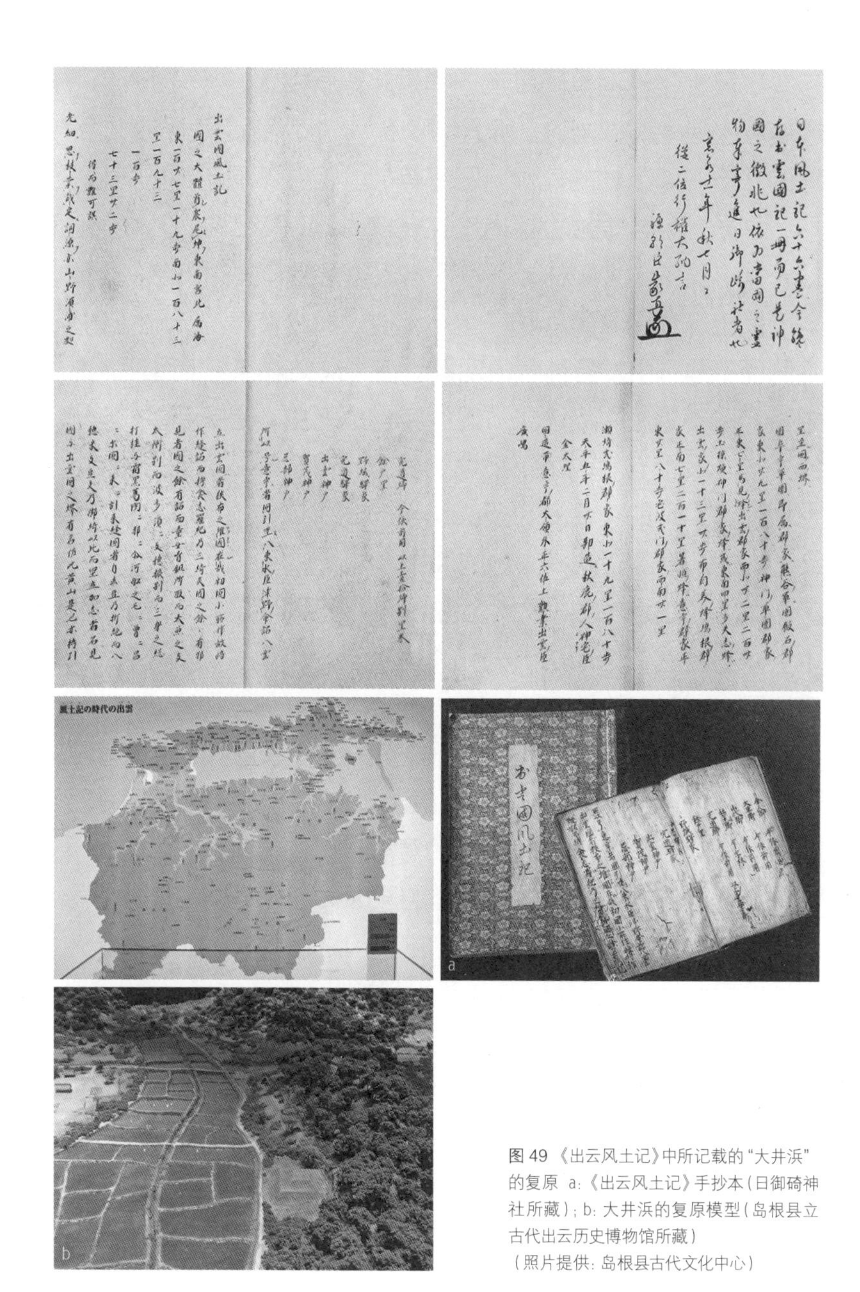

图 49 《出云风土记》中所记载的“大井浜”的复原 a:《出云风土记》手抄本（日御碕神社所藏）; b: 大井浜的复原模型（岛根县立古代出云历史博物馆所藏）
（照片提供: 岛根县古代文化中心）

“风土”一词也同风景一样是起源于中国，《风土记》的地志编著也是模仿中国的。所谓“风土”，据广辞苑解释狭义为“土地的状态，即土地的气候，肥瘠等”。但并不是单纯的气候、地形、地质。涉及“居民的习惯、文化的影响，其土地的气候、地形、地质等。”（《大辞林》）包含与人类营生有关的概念。

风土一词由“风”和“土”组成。风为空气的流动，依季节不同而不同，引发各种气象现象。在《说文解字》（后汉，许慎）中有“风动蟲生”描述，“風”字构成有虫，是一年中最早出生的生物。风土与其说单指土地的状态，更意味着土地的生命力。土地通过天地的交合受惠于天给予的光、热、雨水等，但孕育生命的力量却潜藏在吹拂大地的风中。

风土即土地的生命力，当然因土地不同而各异。《后汉书》中可以看到这样的用法。公元 1 世纪末，出现了《冀州风土记》等以风土记为名的地志。

风土，英语为 climate（气候），在这一方面东西方也有差别。Climate 的语源 klima 在风土的意义上来使用。古希腊意为倾倒、倾斜。把它用于气候、气候带的意思，是由于太阳光线与水平面构成角度时依据场所会发生变化的原因。与风土对应的词是气候，表明在西欧世界认为决定风土的主要因素是气候，在这个意义上，上述的风水译为 climate 应该是贴切的。

看看《风土记》记载的项目，风土并不是只意为气候，左右气候的最大要因是地质、地形、地势、肥瘠等，土地的特性整体（当地风气）称为风土。

关于如何理解风土？怎么理解风土？迄今所有学科领域都参与其中。关于景观或风景、自然或风土一词的论著不胜枚举，说明它与土地的存在方式；甚至与社会的根源基础密切相关。

近江八景

江户时代中叶，享保年间，就“五机内”的“国”与分别记述了其沿革、范围、道路、形胜、风俗，以及各郡的乡名、村落、山川、物产、神社、陵墓、寺院、古迹、民族等的“五畿内”有关的最初的综合地志《日本舆地通志畿内部》（《五机内志》）全61卷（1734年）被整理出来。编纂者关祖衡在其著作《新人国记》（1701年）中写道“人情缘于国家的风水”“如不知其风土的形胜，就无从评述其所依附的场所”。由此得知依风土、风水把握土地或地域的传统，也被江户时代所继承。直至近世纪末，日本享受景观的做法之一完成了。

（1）以“近江八景”为先驱，列举景胜地的工作已经在作;（2）与此同时，葛饰北斋（1760—1849）的《富狱三十六景》（1831—1833）那样的风景画出现了；（3）比较观察景胜地，评估各处价值风格的，古川古松轩（1726—1807）的著作《西游杂记》（1783），《东游杂记》（1788）开始问世。

大室干雄关于对以《月濑幻影》的诗人石云岭为首的藤枝诗坛所讴歌的风景的考证（2002）中，有以下一节。大室因出版“历史中的城市肖像”为题的系列[13]而有名，被誉为宏大的中国空间史论。他对日本的景观研究也造诣很深，还有下面提及的志贺重昂关于《日本风景论》的考证。

那是这个社会有史以来首次出现的新鲜景观，从历史地理学角度来俯瞰的话。那是弥生时代开始萌芽的、以水田耕作为胚胎的农耕文化。历经慢速生长的作业后，超越德川幕府的锁国政策下两百年在四海升平之间加快进步的速度，几乎在达到一个文明的时段上呈现出有特色的景观。

18 世纪末至 19 世纪初“全国各地的都会或者町和村，出现的同样的光景”是“可耕作的微地形被细分化，密切协作的人群，除了仅有的畜力外，几乎全靠提供人力进行耕种的景观”，整体的形象用“伟大，崇高的形容词好像不合适”“如果说是可爱、美丽，还比较贴切”“是劳动群体共同精雕细刻的工艺品那样的世界”。

这个时期的日本景观称为日本第二景观层，可以作为今天日本景观的原点来回顾的就是这个景观层。

近世的诗人，即以京都为中心的有学养的文人们，在享受第二景观层的风景时，模仿中国的《潇湘八景》[14] 或者《西湖十景》等来量化地描述“景”。

所谓《潇湘八景》是指以流入洞庭湖（湖南省）的潇、湘二河为中心的江南景观。作为宋代的画题与富有诗意的名称一起归纳为八景。

作为日本先例的是“近江八景”。17 世纪前半叶，从琵琶湖南部的景观抽象提炼出比良暮雪、矢桥归帆、石山秋月、濑田夕照、三井晚钟、坚田落雁、粟津晴岚、唐崎夜雨 8 个景点（图 50）。都是对应“潇湘八景”的江天暮雪、远浦归帆、洞庭秋月、渔村夕照、烟寺晚钟、平沙落雁、山市晴岚、潇湘夜雨（图 51）。下二句是可眺望的景物，而且表现其季节、时刻。概括地说是明代心越禅师的命名，今天只留下名的是武藏六浦之津周边（横滨市）的“金泽八景”洲崎晴岚、濑户秋月、小泉夜雨、

图 50 歌川广重“近江八景”《鱼荣板》(大津市历史博物馆所藏)
a: 比良暮雪; b: 矢桥归帆; c: 石山秋月; d: 濑田夕照; e: 三井晚钟; f: 坚田落雁; g: 粟津晴岚; h: 唐崎夜雨

图 51 祥启“潇湘八景图画帖”（白鹤美术馆所藏）
a：江天暮雪；b：远浦归帆；c：洞庭秋月；d：渔村夕照；e：烟寺晚钟；f：平沙落雁；g：山市晴岚；h：潇湘夜雨

乙舻归帆、称名晚钟、平泻落雁、野岛夕照、内川暮雪也是一样的。

就“潇湘八景”而言风景的形象没有明确的边界，有很大的伸展空间，而“近江八景”场所限定在湖西，而且每个景观也窄，作为“缩影”的是大室干雄的观点。但随着陆奥的“八户八景”，陆前的“松岛八景”，磐城的“八泽八景”，萨摩的“鹿儿岛八景”等展开，突破了千篇一律的老套，变成土地或场所与其景观一体化名称，而且诸如“吸江十景”“桑山十二景”“关之湖十六景”“多度三十八景”那样，数量也自由地增加了。

这样，日本的第二景观层发现了风景观“XX 景”列举的做法，成为日本的享受风景的作法。上述的“富狱三十六景”，歌川广重（1797—1858）的《东海道五十三次》（1833—1834）、《木曾街道六十九次》（1835—1842）等也是其中一环。关于列举的创想，大室干雄一语道破“对通过权力或对权力期待进行统治和管理及控制的政治逻辑”，风景的享受，本质上归属个体主观，应指向无限的多样性。因此，大室说道“用数来归纳风景是杀风景”，但是这个日本第二景观层风景的发现，也稳定了景观与享受景观的人的关系。

《日本风景论》

说到与日本的景观或风景有关的古典著作一定会提到志贺重昂（1863—1927）[15]的《日本风景论》（1894，图52），是日清（甲午）战争那年付梓，至日俄战争（1904—1905）前一年已再版了15次的一大畅销书。

《日本风景论》以“江山洵美是我乡”开始动笔，列举了日本风景的“潇洒”“美”“跌宕”。所谓跌宕，意为洒脱，不拘束，放荡不羁。然后极力歌颂日本风景的美丽。志贺面对推出《日本人》《亚细亚》杂志的政教社，作为反欧化思想，国粹主义宣讲者发挥了作用被人们所熟知。

《日本风景论》将日本风景的特性分为五章四个项目来叙述，即“日本的气候、海流之多变多样”（二章），“日本水蒸气之多量”（三章），“日本火岩山之多”（四章）。“日本流水侵蚀严重”（五章）。由于志贺在本书中展示了平均气温，降水量的分布图，被视为日本近代地理学的鼻祖（大槻德治，1992）。除《地理学讲义》（1919）之外还著有《河及湖泽》（1901）、《外国地理

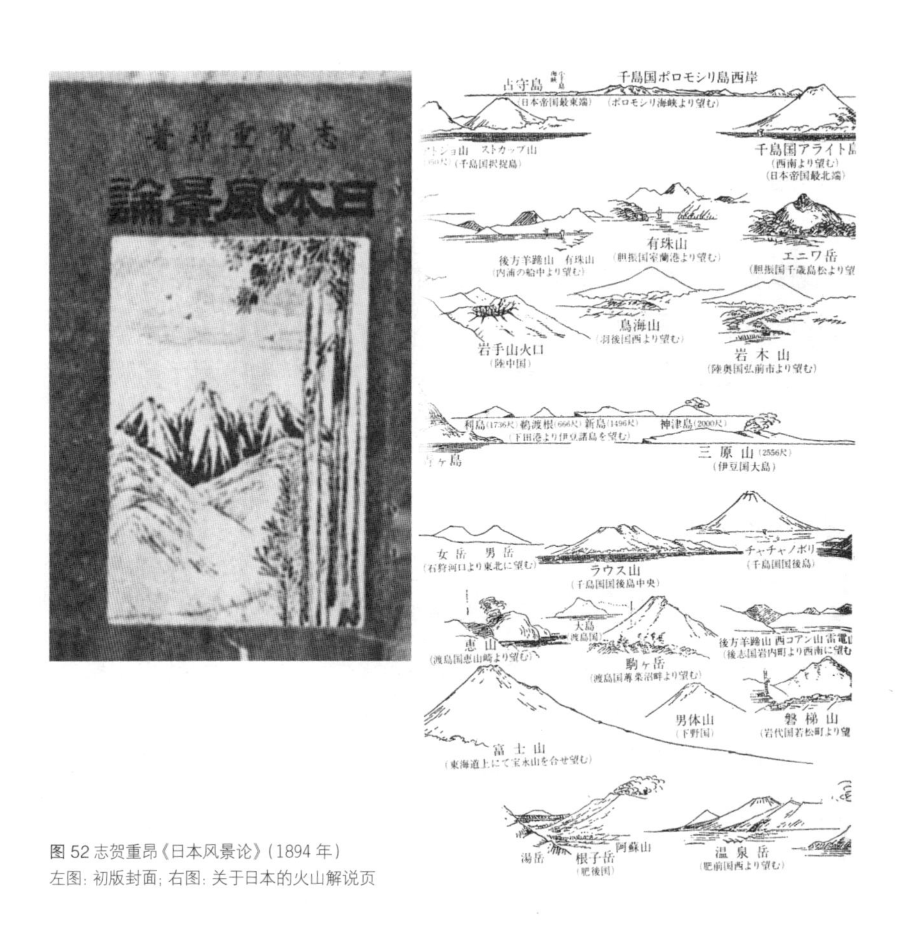

图 52 志贺重昂《日本风景论》(1894 年)
左图：初版封面；右图：关于日本的火山解说页

参考书》（1902）、《世界山水图说》（1912）、《鲜为人知的各国》（1926）等著作，并被推举为英国皇家地学协会的名誉会员（1917）。第四章作为“附录”“大兴登山之气质”一节占整书页码的20%。志贺也是近代登山倡导者。但志贺本人并非登山者。关于登山技术的记述考证有英国作家的蓝本。

《日本风景论》中有旅行导览书的风格。实际多是从当时出版的英文旅行导览书 *A Handbook for Travelers in Japan*（1881）的记述中译介过来的。《日本风景论》作为给外国人提供的旅行信息，从外国人看"日本"的视角受到关注。二章、三章在末尾列举了欧美人在其他国家无法看到的日本风物、风景。

大室干雄在《志贺重昂"日本风景论"精读》（2003）中，就志贺重昂的风景论涉及范畴展开了丰富多彩的评价，关于《日本风景论》如何解读进行了详述。在有限的版面实难摘要（归纳），有以下文章。

> 从整体来看，《日本风景论》的新颖性在于他认为日本风景在世界上是最优美的。对志贺来说，所谓日本是明治 21 年时段现存的"日本帝国"，因此，该作品总体来说新颖性是在日本漫长的历史中，首先把风景和国家结合起来了。

还有关于"江山洵美是我乡"的"我乡"有以下描述。

> "我乡"之于人类一般人称，也是普遍存在的场所，志贺将历史上生存的个别场所，收敛到志贺的日本。

就"国粹主义"及国家主义和《日本风景论》的关联有许多评论。包括小岛鸟水在日俄战争期间撰写的《日本山水论》，太平洋战争时期上原敬二（1889—1981）[16]撰写的《日本风景美论》（1943），当然作为历史受到束缚的东西有必要阅读。但是《日本风景论》还可以被解读为另一个继承。

风景和生态圈

1886年，志贺重昂作为从军记者，乘坐海军军校的实习艇“筑波号”，巡察了加罗林群岛、澳大利亚、新西兰、斐济、萨摩亚、夏威夷诸岛长达10个月。基于其踏查、见闻著有《日本风景论》之前的《南洋时事》（1887）一书。从那以后，志贺继续踏查了中国的台湾、福建、江南（1899），南桦太（南库页岛）（1905）等地。1910年周游了非洲、南非、欧洲等世界各地，志贺的一系列著作是基于当时的日本人无与伦比的、广博的世界见闻。

现代的田野工作，跨越世界的有应地利明“文化圈与生态圈的发现”论文（山室新一，2006），列举了大量《日本风景论》的例子，对地理学出身的应地来说，志贺重昂的诸著作以及内村鑑三的《人文地理学讲义》《地理学考》等著作自然是非常亲切的。早先还有题为“初期札幌农学校中地理学教育——以Prof. C. Cwater, Lecture on the Geography of Europe, 1881为中心”的论文[17]。

我从事亚洲研究工作已有20多年，对应地先生扎根田野的渊博知识受益匪浅，学到了关键的要点。将《日本风景论》定位于《季风的风土论》有如下论述。

> 风景也好，文化也好，将日本的特质与季风结合起来去理解认识，成为引导日本列岛向岛外扩大“生态圈”的“发现”线索。在与近现代一起开始的“世界中的日本”探索中开拓了生态圈的新维度。志贺以夏天的季风为媒介，判断具体的地理圈域，以风景为线索论述日本周边的生态圈，文化圈的存在。

将世界的风土大体分为“季风的风土”“沙漠的风土”“牧

场的风土”三个方面来论述的是和辻哲郎的《风土》（和辻哲郎，1979）[18]，其被视为风土论的原典。从《日本风景论》到《风土》，应地论文论述了季风在日本是如何被认识的。基于南洋以及稻作文化的关心其探索足迹以此为中心，小心论证了“风土生态圈”之空间认识的确立。风景和帝国日本联系在一起的明治时期的《日本风景论》，昭和初期再次受到批评和重新评价，并重新架构，和辻的《风土》是其结晶。

和辻的《风土》论，如前所述，将人类存在的风土划分为三类来把握，包括中国和日本的季风地带，阿拉伯、非洲、蒙古等广阔的沙漠地带，欧洲的牧场地带，分别对应季风型、沙漠型、牧场型三个类型。这三个类型在如何更细致地去观察土地的形貌方面，感觉有些粗糙。还有基本上是环境决定论的观点、但是介于沙漠型一项，跳出了“西欧 vs 日本”的简单的二元对立。对其风土、生态圈的视角影响了战后梅棹忠夫的“文明的生态史观”，中尾佐助、上山春平等的“照叶树林文化论”等。这就是应地的论文。包括高谷好一的“世界单位论”[19]，立本成文的“文化生态复合论”等，应地等的地域研究作为关键词也是风土、生态圈。

这个景观论、风景论超出了“日本”这一框架，在这一方向上要求的是季风地带、稻作文化圈、照叶树林文化圈这一大框架。另一方面，如上所述，日本也有各个地域的差异，认识土地的微地形，微气候的微观框架也是必要的。

景观的结构

风景，如前所述，与文化的存在密切相关。作为基础深深扎根于土地的生态。

考察作为风景基础的土地物理形状的视觉结构，即景观结构的是景观工学专家樋口忠彦的《景观的结构》（1975），也译成了英文。《景观的结构》拓展了景观工学、景观设计（landscape design）领域。卷首语提及了志贺重昂的《日本风景论》，以及上原敬二的《日本美观论》。进而意识到日本文化论而相继推出的是《日本的景观》（樋口忠彦，1981）。

《景观的结构》首先把 landscape 的视觉结构作为问题，即将景观的视觉分为①可视、不可视；②距离；③视觉入射角；④不可视深度；⑤俯角；⑥仰角；⑦进深；⑧日照下的阴阳度，共计 8 个指标展开叙述。

作为视觉对象的景观，首先看得见看不见是问题 ①。看得见看不见，是从哪看，即根据视角而不同。景观根据视角的距离而不同 ②。近景、中景、远景的区别是常规做法，此外，脸部的表情、轮廓等局部（细部）是否能辨别使用距离来划分。对象是否可以识别，依据具体的距离来表示的是众所周知的梅尔腾斯（Maertens）法则[20]。不仅是距离，例如，空气干燥清澈的天气，远山如同近在眼前等，依天气等大气的污浊度不同而不同，有效利用这个原理的“空气远近法”的绘画手法被古人所采用。

视线入射角就是指面的要素和视线构成的角度 ③。平行于视线的面难以看清，而垂直的面容易看清。不可视深度及不可视领域就是表示根据视点前的对象物，距视点的地点（领域）有多大程度看不清的指标 ④。指标本身并不一定是普适的，但影壁，借景等作为景观设计手法经常被使用。由于高层建筑的出现，使原本看惯了的景观看不见了的事态是引发“风景战争”的原因。

俯角 ⑤ 仰角 ⑥ 与俯瞰景、仰望景有关。进深 ⑦ 与连续平面的前后视线相关。即与远近的感觉相关。上述的“空气远近法”包括日照带来的阴影 ⑧ 是产生远近法的主题。

《景观的结构》及后续的“landscape 的空间结构”作为研究对象，尝试将日本现有的地形分为 7 个类型（图 53），即①水分神社型；②秋津洲大和型；③八叶莲花型；④藏风得水型；⑤隐国（隐处）型；⑥神奈备山型；⑦国见山型。①是河流穿越山脉和丘陵，从山脉移到山脚坡地向平原展开的景观；②是被四周的山脉环抱的平原部景观；③同样是四周被山脉包围隔绝于平原部的山中圣地；④是风水所讲的“藏风得水”的形式，三方被山包围，南面打开的景观；⑤是位于峡谷上游深奥的空间；⑥是可以仰望神奈备山的景观；⑦是从山脉、丘陵向下俯视的景观。这种归纳，虽然十分乏味，但其命名表达出每个地形、景观的颇有魅力。例如，水分神社型，在其土地上河水分成几个支流，因为水分神社的选址是很经典的。

地形是所有人工构筑物作为“图”来表现出的“地”，考虑土地的景观的基础上，首先有必要把地形的状态，地形的空间结构作为重点。还有，日本的情况如上所述，有风水、《风土记》、“近江八景”的传统。自然的地形，并不是单纯的“地”，而赋予了作为“图”的意义，在人工构筑物（神社、佛阁、聚落、城市）的建设上，将地形的现状作为前提来选址、设计是一般常识。《景观的结构》所提示的日本地形的 7 个空间的型具有历史的、传统上的深远意义，可以说已成为日本的心象风景。

城市景观

如上所述，关于日本的风景，景观的诸学说、讨论，基本上

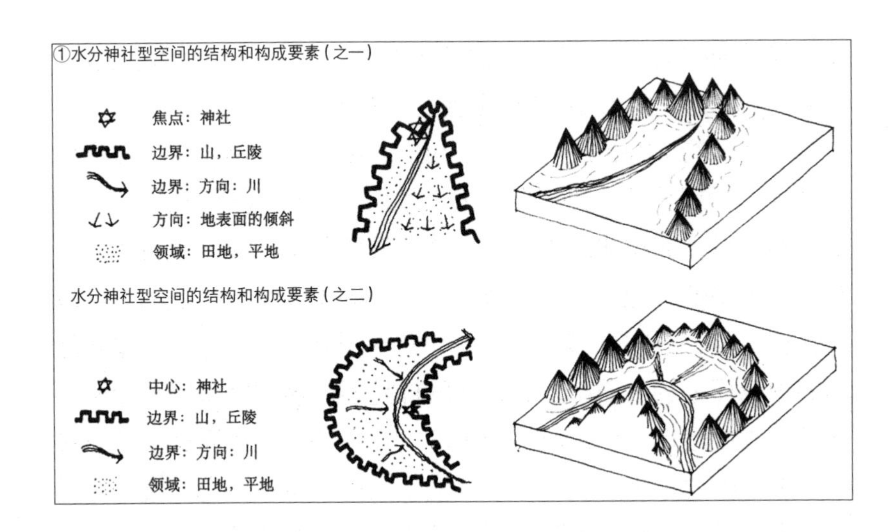

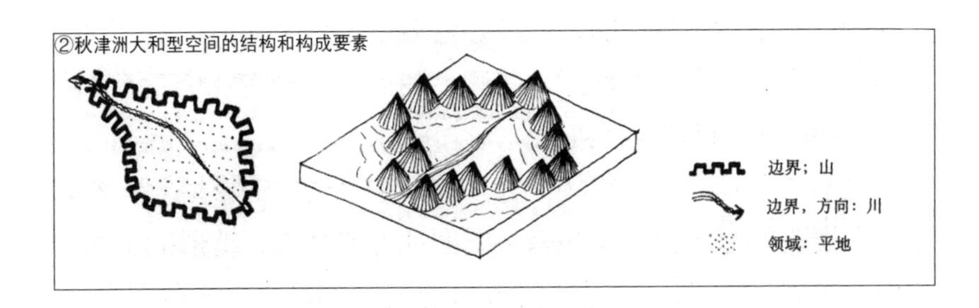

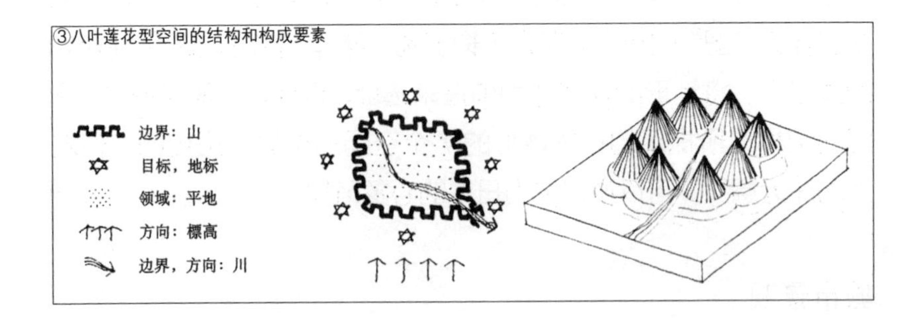

图 53 樋口忠彦《景观的结构》记载的日本地形七种类型（技报堂出版，1975）

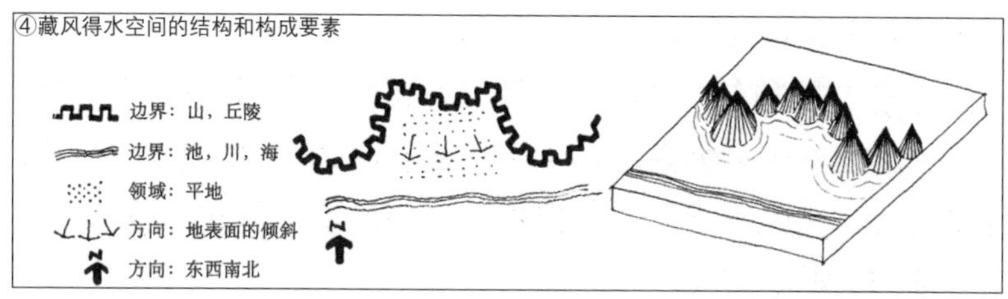

④藏风得水空间的结构和构成要素

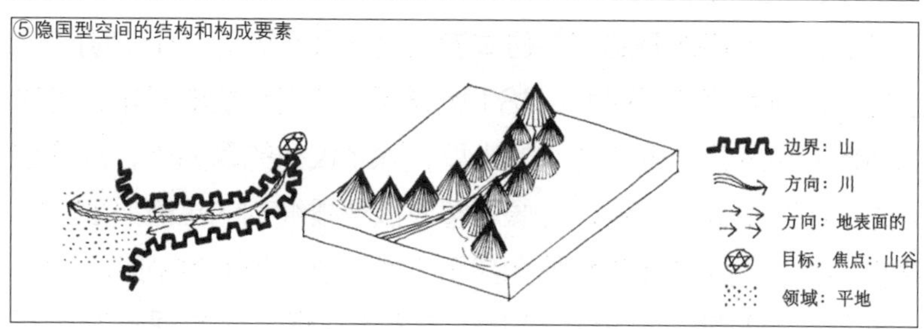

⑤隐国型空间的结构和构成要素

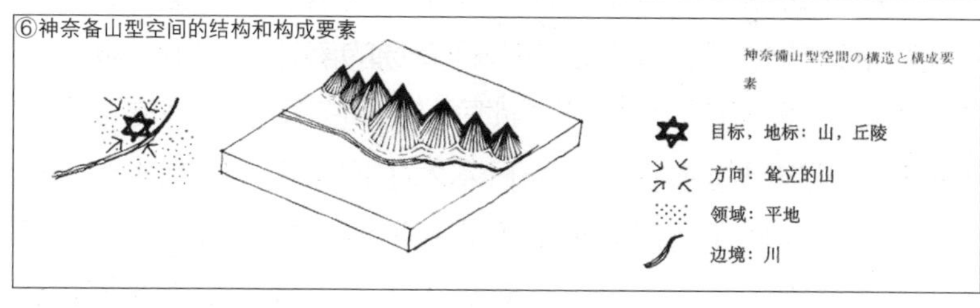

⑥神奈备山型空间的结构和构成要素

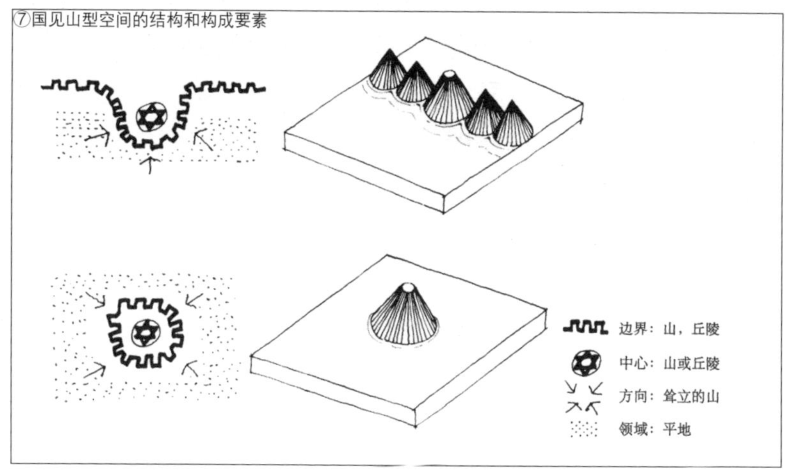

⑦国见山型空间的结构和构成要素

是以自然景观为对象的。

回顾日本景观的历史层次，第一景观层是日本列岛的原风景，即以远古的自然景观为基层，《风土记》记载的世界景观可上溯至绳文时代。《风土记》以前日本列岛的景观是形成“日本”的框架之前的景观的古层。

然后，水田耕作开始了，日本农耕文化几乎到达一个文明节点上出现的景观为第二景观层。18 世纪末至 19 世纪初的日本，可耕作的微地形被细分。密切协作的人群，除了仅有的畜力外，几乎都靠人力劳作而生成的景观，就像一整块被精雕细刻的工艺品那样的世界诞生了。今日的日本景观原点可以回顾的就是这个景观层。

进入明治时期，给日本景观带来了新要素。容易理解的是新的欧式风格建筑物开始建造。称作开港场的港町（筑地、横滨、神户、长崎、新潟等）为打开“锁国”，同各国进行外交，交易而建的各类设施是其前奏。作为日本木工栋梁企业的清水企业[21]建造的木结构的西洋风格的筑地饭店被冠以“拟洋风”。这个新造型建筑式样用于开智学校（长野县松本市）等小学校建筑和政府建筑，给各地带来新的景观。不久，银座砖瓦街的建设、日比谷官厅集中规划等相继展开，西式的城市规划开始了。还有支撑产业基础的道路整备，铁路铺设，水库建设等，成为大大改变日本国土面貌的开端。

新的城市景观的诞生，形成了日本景观的第三个景观层。城市景观层也随着日本城市化进展分成几个，江户时代之前的城市景观也包括江户、大阪、京都等大城市，可以看做是融入了第二景观层。就连拥有百万人口的江户被农村景观所包围，名副其实地成为“世界最大的村落”。塑造街道景观的建筑也是用木、土、石、纸等原生的自然材料建造的，因此其色彩也保持了一定的协调，这样的城市景观，至少至昭和战前期始终缓慢地持续着。

在西欧同样如此，基于 landscape 的 city scape 一词初次使用是 1856 年，到 townscape（城镇景观）是 1880 年[22]。与市区修正一词相关的情况在前章已有涉猎，城市规划（town planning, city planning， urban planning）等术语进一步更新，城市设计（the laying out of town）一词初次使用是 1890 年。城市景观成为关注的焦点是 20 世纪以后。

明治时期带来全新的建筑样式并扎根，20 世纪 30 年代以后铁、玻璃和混凝土建造的建筑得到普及。明治时期是日本的近代建筑的摇篮期，昭和初期基本奠定了其基础。之后日本的近代建筑由于 15 年的战争期中断了其脚步，战后又全面开花。

3/ 景观价值论

好的景观，差的景观

景观与“我们看（we see）”的世界，即依靠视觉感知对象世界的知觉有关，而且可以把对象世界的客观存在状态区分为“好的景观”和“差的景观”，或可确定为“美的景观”和“丑的景观”。

著名的漫画家由于把自家外墙涂成红白条纹而被告上法庭（图 54 左）。邻居起诉他“破坏了景观”。结果以“尚未达到损坏景观的程度”而被撤诉。如果事先没有在美观条例、景观条

图 54 奇特的住宅
左图：MAKOTO（卡通）住宅；右图：三鹰天命镜像住宅（照片提供：盐田哲也）

例中规定就无法确定“好”“差”“美”“丑”，就没有由于太红或由于纯色而不行。如色彩理论所言，稻荷神社的朱红色映衬神社院内的绿色。将自家住宅涂得鲜艳夺目的行为完全是特例并非异常，反而作为自我表现的手段之一普遍被认可。如果是商业建筑，超级图案（super graphics）的表现是普遍做法。著名的漫画家在自己家附近也有世界著名的美术作品（图 54 右）。“好”“差”“美”“丑”是伦理学、美学的问题。

伦理学认为，一般没有客观的、真实的价值伦理。针对对象所具有的形、运动等有物理的性质（第一性质），而像颜色那样，也有同一个对象根据主观判断不同而不同的性质（第二性质）。“好”“差”更是主观的（第三性质）[23]。如果没有“好”之共同感受或相互主观性，又从何处寻找景观形成的依据呢？

对“美”“丑”也是同样，说“美丽的祖国”“美丽的国土”，“美丽”这些感觉，如果没有价值判断的依据，讨论就根本无法深入。

结果，就产生了“喜欢”“讨厌”“爱”“不爱”。“风景战争”经常只围绕着建筑物的高度争论，就是因为无法深入到“好”“差”“美”“丑”的价值判断中。

但是最初的问题并不是“喜欢与否”“讨厌与否”的个人的价值判断，各自的思维。景观也好，风景也好，是与“土地的形貌”相关的。因此，其具体的形式是关键。另外，其共有化的形象成为问题的核心。这就是凯文·林奇所说的景观的“公共形象”或“集体形象”。景观的公共性是讨论的出发点和前提。他在《城市的意象》（2007）中明确提出道路、边界、区域、节点、地标 5 个与城市公共形象有关的基本要素。这在格式塔心理学上也得到证实。可以认为是针对所有城市的普遍要素。但问题是并非是这些城市的共性，是每个城市，每个土地的形貌。景观的（个性）主体性，固有性是第二个前提。

围绕土地的主体性的讨论“喜欢与否”可以另当别论。当然，关于主体性要素绝不是一成不变的。在其土地生活的人们无数营造行为与每个土地的自然叠加形成土地的主体性。其土地主体性最近开始意识到的很多，经常也有由于一位杰出人物的存在塑造了其主体性。

此外与“好”“差”的判断无关，把景观作为问题就是把公共性与主体性作为了问题。即使是“差”景观也往往成为其土地的主体性。

问题是风景享受的公共性的概念，景观的主体性会在世界上消失。因此寻求的是景观形成的规范和秩序。

靠景观能生存吗？

“靠景观能生存吗”不知是谁说的，传为有名的台词。景观问题的根如同这个台词所象征的。

开发还是保护？经济还是景观？过去也好，现在也好，问题的构图没有变化。这个二分法，二选一的创想如何能摆脱，为谁而开发，为谁而保护？为谁的经济、景观？应在明确生存主体的基础上再设问。

水，空气，景观真的能还原为交换价值吗？所谓经济是什么？所谓价值是什么？也许要回到马克思《资本论》的开篇。

那么，在贯彻资本主义的绝对经济原理中，一个首要的战术是“靠景观吃饭”。清溪川再生是其宏大的实验。在理论上有必要将景观换算为经济价值的机制方程式。景观是社会资本，公共财富。一般想象，景观不能作为一般的消费资产来处理吧。但是关于景观的价值，通常包含在土地、建筑物的市场交易中。因此，在同样的场所得到公寓，看不到应该观赏的景色“发生了风景战争”。

公寓问题发生后，几乎都是一样。开发商一方将层数降低一层，减少户数，一场官司就此了结了。因此，在开发伴随的收支计划中，从开始就会把这种纠纷列入计划是一般做法。尽管景观和纠纷不能严密地数值化，也已被编入了项目规划中。

所谓“景观能当饭吃吗”并不是无视景观，正因为能当饭吃，人们即使损害景观，也要将自己获得的利益最大化。实际上许多场合，靠景观吃饭的往往是损坏景观的开发商。损坏景观，持续开发，顾客、观光者就会减少，受损失的是其土地居住者、业主。因此，“靠景观能生存吗”是第三者自命不凡的腔调（经济原理）。

还有享受景观的顾客，投资者，购房者，入住者都是一丘之貉。

但是，这里所思考的“景观经济”维度不同，主体是居住在其地域土地上的居民。比什么都重要的是“土地的形貌”，地域的主体性，以此为前提，提出景观是否能当饭吃的问题。广濑俊介的《风景资本论》（2011）实际上质朴地提出这个问题。广濑把风景作为“土地的形貌”，含有“不仅是视觉，作为听觉、嗅觉、触觉、味觉，人类从土地成因接受的事物”。“资本”的定义是“如果没有它经济活力就不成立的生产之源”，是“让人类的生活和地域社会可持续的基础”。正如上述所论证的那样，其提出完全没有异议，也就是说自然就是资本。

这些用现代语言表达就意味着呼吁景观（公共）经济学这一新的学术领域。例如，具体地对某一个町来说，景观具有多大的经济价值需要解析它的理论。希望得到不需要高层公寓的经济学理论根据。各地域的经济实力需要确切地把握，只有正确预测未来，才能计算必要的建筑的占地面积、容积。至少设定了具体的体量，就可以进行经济活力、经济效果的模拟。但是这种场合也需要将景观还原为经济价值、交换价值。景观权作为资产权确立，有必要标上价格。

作为先行领域成为样板的是环境经济学。在环境经济学中，美丽的景观、街景，被视为如同空气一样的环境资产。这样，其需求和供给费用的利益成为重点。还有作为外部经济、不经济的问题，其规制、税、补助金等被讨论。还有围绕着所有形态、所有权、共有权的机制也被讨论。

景观是与“土地的形貌”相关的，故与环境密不可分。因此把景观作为环境来把握是基本的视角。但是尽管景观与其土地的环境相结合，不能作为一般环境，一般景观来处理，而且作为环境经济学范畴来研究景观是不科学的。对每个地域来说，景观就是全部。成为每个私有权的景观资产是不可分离的。问题是作为环境的景观；而不是作为环境财富的景观。对此，在共同研究基础上，也许还需要有另外一本书。

与生物共生

原本形成景观的并不光是人类。从微生物到昆虫、鱼类、动植物，所有的生物都与景观形成有关。由于人类活动的影响愈发强大，土地利用的形态急剧变化，使得生物也受到影响。考虑景观时，虫、鱼等生物的视角也是不可欠缺的，为此生物多样性原理成为重要指针。

把景观作为多种多样生物的生命活动空间的表现来认识，始于 C・托洛尔（1899—1975）[24]“空中照片与大地的生态学研究”（1938）的景观生态学（landschaft ökologie）。“景观生态学”是源于 E・黑格尔（1834—1919）[25]的“生态学”（ökologie）和景观（landschaft）的合成语。

该景观生态学告诉我们作为思考景观的一个基础，生态学的视角非常重要。而且引人注目的是其出发点是空中照片，即“来自高空的视角”。其视角发展到以人造卫星遥感探测地球环境整体的、今日的视角，即从微观地观察生物活动发展到概观地球环境全貌的做法。

但是，对人类而言的景观，说到底是人类肉眼所看到的。托洛尔把源于 landshaft 含有地域、风景含义的景观生态学名称变更为后来的地生态学（geookologie），但本书所关心的是地域、风景。

景观生态学的基础领域是由地形、土壤、水文、气候等无机世界的空间编成的地生态学，及其机能，地球系统相关领域的地生态学和植物、动物等生物的空间领域，生物群落生境及其机能，相关领域的生物生态学（bioecology）等构成。

但是，如果只有这些还远远不够，还包括地学，地理学，生物学延伸的植物社会学，生物地理学。景观生态学的主要关心人为干预下的土地形貌，景观。包含经由林业、农业、渔业等第一产业，人为干预下的农田、山地，为人类居住而建的聚落，城市等空间构成的人类栖息地及土地利用系统相关的领域，由此景观生态学之名才得以落户。

景观生态学在各种空间和时间的尺度上，描述出土地的形貌。并提出各种生成其空间模式的要因，特别有冲击性的是人类诸活动对土地和生物世界产生多大的影响。

景观变化

就景观或风景而言，需要思考的事情还有很多很多。景观的活力、水平以及尺度问题。

景观是变化的，如同自然景观依据四季不同而不同那样，市区景观也由于人们的营生行为发生日新月异的变化。新的建筑在建，既有建筑在改建。在长久岁月中市区景观也在发生变化。意识到景观问题是由于近年来发生了过于急速的景观变化。应作为前提的是，景观不是不变的，而是变化的。

因此，首先有必要将不变的东西与变化的东西分开考虑。自然景观不会有太大的变化，市区景观那样人为的空间会变化。也许比较好理解。但是，大大改变自然景观的是近代，破坏自然的事例不胜枚举，市区景观也破坏了自然景观，或者建立在自然景观中，难以区分。在这里想明确的是一成不变地去考虑景观是不现实的。

说到景观问题，往往就会出现原样保护，维持现有景观，或者恢复到过去那样景观的主张。即所谓“冷冻保存”，这是不现实的。所有的建筑，时过境迁，变得老旧，如果不去干预就会腐朽下去，问题是变化的过程及它的秩序。

景观的层次以及尺度与什么人在什么地方享受景观有关。就视觉景观而言，取决于在什么场所看到的景观即“视点位置”，所有居民、所有场所的景观都是问题自不用说，上述共有的景观是问题重点。

城市整体的景观，有象征其城市的来自视点场所的景观的话，也应有地区（社区）单位共有的样态，还有沿主路远景的景观，在第一章“京都”中已有阐述，进行大景观、中景观、小景观的区别是理所当然的。

说到土地的形貌时，最初其土地是如何被认同的是问题。从景观的观点出发，就是地域如何被设定的。由于自然景观的特性，就某个土地，某个区域以某种归纳进行设定容易理解，过去也是这样做的。但是城市超越一定规模后，就会呈现出全国城市千城一面的景观，这种归纳是极暧昧的。因此景观（土地，地域）的归纳有必要划分地区、加以区别，就某个街的景观而言，只以某个地区的景观、形象来讨论城市整体就会导致忽略每个地区个性的结果。

风景哲学

归根结底关于景观，其哲学成为课题，也不妨说是美学问题。

在单纯的美学上各个价值判断只不过是相对而言的，如前所述。但是说到景观美学，就会附加与土地形貌有关的各种前提，把景观的共同性，公共性作为课题。地域的自然、生态、环境、经济、社会文化的整体情况成为问题，与整体相关的表现是景观的话，归根结底是景观哲学问题。与哲学相关的是与个体的生活方式相关。遵照本书的定义，把风景哲学，风景思想作为主题。

那么，其风景哲学应该是什么性状的，本章将迄今确认的内容归纳如下。

（1）所谓景观，狭义上是指土地或地域的客观形貌。形貌即视觉（光）捕捉的土地或地域，简单地说清晰地映入眼帘的土地或地域就是景观。

（2）景观具有超越捕捉单纯客观的形貌的规模，即不仅是视觉，听觉、触觉、嗅觉、味觉，所有感官都能感知的，以及该如何去看，如何去感受？这样主体的作用。包括认识方法的使用。本书限定地去论述景观，还有更宽泛的语言“风景”。再次强调的是，所谓景观，与土地的客观形貌相关，风景与对土地主观认识相关。换言之，所谓景观是“我们看到（we see）”的，所谓风景是“我看到（I see）”的。

（3）景观也好，风景也罢，在日语中其本身不包含对象，但成为对象的是自然或者土地、地域，因此，风景哲学首先在如何看待自然的意义上，自然观、自然哲学是必要的。根据把自然看成自成一体的状态，还是指一般对象世界是不同的，以及把人为和自然看成一体的还是对立的而各异。

（4）基于现代科学技术的自然观认为，基本上自然是区别于人类的，独立的外部对象，是人类可以支配的。因此依赖现代科学技术的自然观占统治地位时，自然彻底被“人工化（人工环境化）”了，即今日人类不加干预的自然逐渐消亡。

（5）当今，自然加入了不同程度的人为因素，因此，我们眼前的景观可以说基本上是“文化的景观”。文化的景观是由于人为干预而历史性形成的景观，也是由于人为干预成为日新月异的景观。依土地不同、地域不同而不同。问题是人为干预不断扼杀了土地，地域的差异。

（6）风景哲学，需要所有与人为因素有关的哲学。而且人为左右了地球环境的整体，在不同的土地、地域都大大被地球环境问题所左右的现今，作为风景哲学，成为坚实基础的是与地球环境有关的环境哲学。没有人为干预的自然已经不能得到的话，人类不是置于自然体系之外，而是其中的一员，有必要与自然体系去协调。

这不是很难的讨论，以上述理论为基础的风景哲学被建构。关键是如何把它作为自己的东西去付诸实践。

Landscape
Design
Manners

第三章 风景作法

1/ 日本的景观层
2/ 景观的层面
3/ 景观作法的基本原则
4/ 景观法和制度
5/ 社区建筑师制度

第三章 风景作法

景观是基于自然和人为的互相关系构成的生活文化现象。景观如果与土地客观形貌关联的话，其形成的作法（营造），或制作的方法（营造）可以作为科学问题研究。风景通过享受景观而成立，是从景观中挖掘出来的。其享受方法中也存在作法。风景的作法与基本的社会文化框架（制度）相关联。

本章，试图多层次地探究景观的作法和风景的作法。

桑子敏雄称本书所说的风景作法为“风景道”[1]。所谓“风景道”是为感受风景的要领、改变风景时的作法。提出“风景道极意十七条”。正像“作法1 抓住风景的魂”“作法2 观赏风景”“作法3 知此知彼”“作法4 营造风景之道”那样，都被凝练成为十七个口号，简明易懂。“风景之道”可以分为“人生之道”含义的“道”和“风景之道”中土木工程领域的高速公路景观设计（“修建风景之道含义”）的“道”，在这里以地域的风景作法以及机制作为问题切入点。

大室干雄有如下相关的论述（2002):

> 风景的观法，在日语中是同样的，风景的观法源于社会的秩序。不从属于自然的秩序。自然是作为自然本体，或者作为稍微向社会倾斜一点的景观，只从科学的、工学的视角去看也是社会秩序的使然。所谓社会秩序，在这种语境下决定视线使用方法的身体技法意味着文化的一个相位。自然科学被看做是自然本体。而且精确地说只要不达到幻想的程度就只是一个假设。对此从景观中找出风景，换言之把自然看做宗教的、哲学的或审美的可以说几乎等同于幻想。

也许有人会对幻想这一表达有歧义，风景战争是围绕着幻想引起的。为防备千年一遇的大海啸修筑高大的防波堤也与这个幻想有关。

1/ 日本的景观层

关于日本列岛景观的历史变迁，如前第二章第 2 节所述，可分成若干个层次（景观层）来考察。

作为基层的景观层，是 18 世纪末至 19 世纪初，日本“全国各地的城市以及町村均质出现的光景”。这个时期风景被发现了。

以下就其前后，直至今日的日本的景观层进行说明。

日本景观的基层

日本列岛约在 2 万年前的更新世末期，就有了几乎接近于现在的形态。成为日本列岛景观基层的是其形成之前的自然生态学的基础。欧亚大陆板块和北美板块中潜伏有太平洋板块和菲律宾海板块，地壳的运动至今仍在继续，故引发了东日本大地震。

日本南面是亚热带气候，北面是冷温带气候，整体上说是属于湿润温带季风气候，日本列岛的气候也一直左右着地表的形态和地表的运动。正如序章所提到的那样志贺重昂在《日本风景论》表明，对这一日本的自然生态学基础的认识是持有共识的。而我们对景观层的认识，是目前海平面下的板块水平的深度。东日本大地震的冲击还没有消失，每次地震都报道地下的动向，因此不得不重视。

日本列岛最初有人类居住，应是形成现在形态以前的样态，如果把景观作为话题，即作为对自然人为干预的起点，稻作的开始是阈限。稻作起源于长江中下游的学说最有说服力，是由不同路径传到日本的。根据基于土器编年的绳文时代（1万2千年前）和弥生时代（2300 ~ 2400年前）的文化区分，得知稻作开始是进入弥生时代以后，但是稻作传到日本列岛至少可上溯到绳文中期。作为日本景观形成的基层，可以假定是水田开始在日本列岛普及的阶段吧。

都城和里坊

形成日本列岛景观基层的是稻作。稻作传入日本后，水田覆盖了稻作可能的平原。进而向山中扩展，塑造出梯田的景观。江户末期，迎来了仅靠人力和有限蓄力构成的景观的鼎盛期。

另一方面，与稻作同时，或者稻作以前就开始有了定居，形成了聚落。接着，各地域以集合聚落的形式形成“国”，“日本”国成立了，因此，都城作为全新的景观出现了。围绕着日本城市的起源，出现了绳文城市论等试图从日本寻找源头的主张，但是日本都城是以中国都城的理念和形制为基础的，都城的景观是舶来品。

考察一下日本的城市起源，即都城的成立过程，首先是国王所在地称为“XX宫”的宫的成立。接着是宫的迁移，不仅是每逢国王更换带来宫的迁移，在一个朝代中多次迁宫的国王也有。接下来出现了宫在一定范围内布置“倭京”的阶段。所谓“倭京”的宫都，是指从倭京、难波京、近江京到新城、新益京（净御原令阶段的藤原京）的里坊制都城前一阶段的“京”，而且作为日本都城的滥觞而诞生的是藤原京。在城市景观形成上，这个阶段是第一期。藤原京→平城京→长冈京→平安京，这一日本古代都城的展开，是日本景观史初期的顶峰。展开如此这般细密的城市设计的例子在世界上也是罕见的。

然而引人注目的是从中国传来的里坊制（图 55），里坊制的确使得日本列岛的水田景观变得井然有序。井田制[2]的 100 亩 =100 步 X100 步，基本相当于里坊制的一个町绝非偶然。日本列岛各地，不仅近畿地方，就连北面的东北地方，秋田平原和庄内平原的一部分，南面的九州福冈平原，筑后平原、佳贺平原一带至今仍保留有里坊划分的土地，在地图和卫星照片上可以得到确认。当然不是所有的都要上溯到古代，但其土地划分，农田划分的持久力，及其规定力的强韧度值得大书特书。

风景的发现

就日本的城市史而言，详细地论证平京城这一古代都城完成之后，与镰仓、平泉等中世纪城市的不同是有必要的，但是俯视日本列岛的层面上，成为下一个划时代景观的是近世纪城下町的形成。织田信长（1534—1582）在琵琶湖畔建造的安土城、长滨城、坂本城、大沟城、秀吉（丰臣秀吉，1537—1598）的土居（京都城下町化）、淀城、大阪城以及成为德川幕府（1603—1867）各藩属所建造的城郭，至今都是日本各地城市景观的核心。在城市景观形成上，近世城下町的成立应为第 2 期。

在德川幕藩体制下成为日本各地据点城市的景观，是在地域生态系的生业、生活体系支持下的景观，是在域内（藩）自给自足的基础上成立的。即自然和人的关系在一定的循环系统中生成，

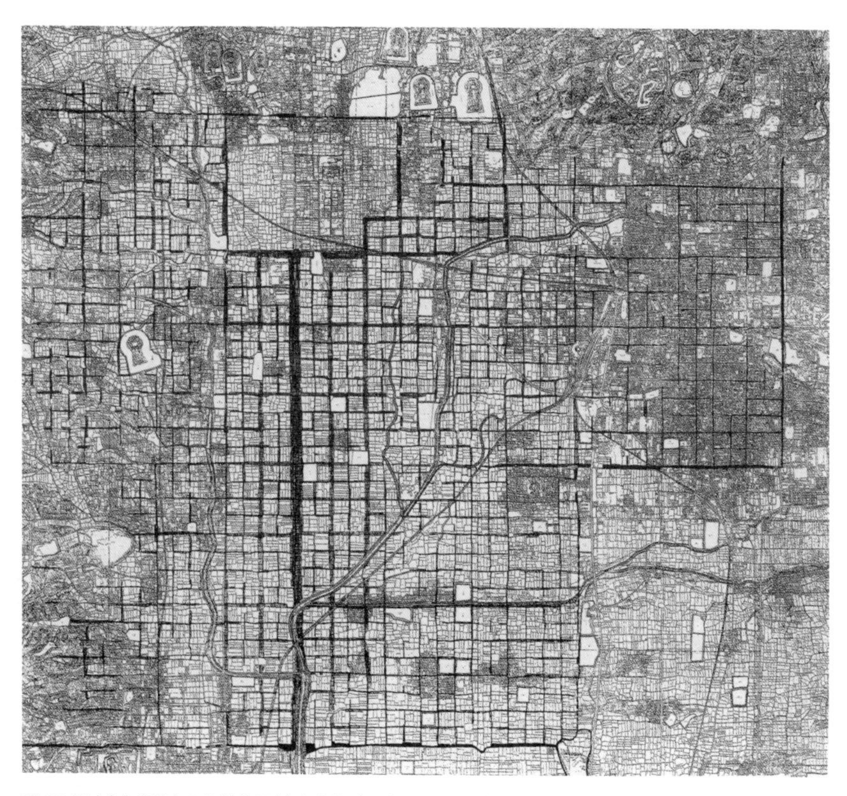

图 55 平城京条坊遗存土地划分图（奈良文化财研究所，2002）（《日中古代都城图录》）

这一地域循环系统以中央集权的统合形式形成的景观是日本第二个景观的鼎盛时期。

由于江户幕府的“参勤交代”（轮职）制度，以及商人的交通，观赏列岛景观出现了比较的视角。由于这个体系的持续稳定，为游玩（观光）的旅行得以普及，在这一过程中风景被发现了。

在这里引用大室干雄对此的论述：

一般风景的发现，都出现在多少离开固定的时间和场所的此时此地。风景逐渐展现在人们的面前，观赏者的视线也必须是浮动的。可以说风景逐渐被看到时某种程度的心理不安定是不可或缺的，因此在平素安定的日常生活中插入一个时间和场所移动的旅行或远行正是与之相吻合的契机，在一般社会中，文化以及为此的旅行作为社会的装置，尽管有程度上的差别，都是文化的重要领域的组成。

大室干雄关注这个焦点是因为把游山玩水，以及伊势神宫的参拜等旅行的成立与风景的发现结合在一起了，还有根据平民（农工商）的身份定义了风景（平民是杀风景的），根据教养，即对中国文明的知识（chinoiserie，法语，中国趣味）的了解发现风景（潇湘八景、近江八景）等。“杀风景”即“平民杀风景”是指游山玩水的观光客糟蹋大好风景的意思。

另一方面，把目光转向农山村，这个日本第 2 景观层如上所述“可以耕作的微地形，被划分，密切协作的人群，除了绝无仅有的蓄力外，几乎全部是人力劳作的景观”，总体的印象是“用伟大的、崇高的形容词显然是不合适的”“可以说是可爱的、美丽的”“像一整块精雕细刻的工艺品世界”那样的景观。这个可以传承到今天的，是全国各地留下的梯田的景观（图 56）。

景观的西化

日本列岛的景观受到较大冲击的是第 3 期。文明开化和发展生产，主要由于产业革命的浪潮袭击了日本列岛出现了新的景观。

象征性的有西欧风格建筑的出现。在开港场建设的饭店，以及像松本开智小学（图 57）那样在各地建设的小学，把文明开

图 56 梯田的景观（大井谷的梯田，照片提供：岛根县）

化的春风带到了列岛，称为拟洋风建筑，但并不是西洋建筑的原装，只是模仿西洋建筑样式的木构建筑。像平户的荷兰商馆[3]那样，西洋建筑在日本建设的实例不是没有，但是荷兰横跨世界建设的殖民城市和殖民据点中出岛是唯一的例外，参与其建设的是长崎的商人们（布野修司，2005）。

图 57 松本开智学校（照片提供：松本市）

西洋建筑正式被引入是从幕末至明治期间。但是一下子实现真正的西洋建筑其技术能力有限。因此只是模仿其样式，于是产生了拟西洋风格的建筑。支撑它的是江户期之前培育的木构建筑的技术及木工组织。说到日本为何石构建筑不发达，是因为森林资源丰富。于是日本的城市景观，逐渐从木结构向钢筋混凝土结构转变，发生巨大的变化。

首先，是尝试银座砖瓦街的建设，日比谷官厅集中规划等新的城市规划。明治维新政府的目标是要把江户改造成能与伦敦、巴黎相匹敌的新首都“东京”。关于明治时期东京规划的争论情况藤森照信（1982）最详细，像第一章所叙述的那样，“东京市区修正” 设想的是普及“一丁伦敦”那样的街区（图 58）。

俯视整个日本列岛的层面，产业基础（基础设施）的整备让日本的景观焕然一新。铁道、水坝、治水、港湾、矿山、纺织工厂、发电所等出现了未曾有的设施。电线杆和电线遍布全国各地，就是这一景观层的初期表层的形象。今天电线杆和电线作为景观破坏的元凶被当做障碍物处理，将其埋在地下，而当时电气和电灯曾是文明开化的象征。

在社会经济整体向产业化进展的过程中，对自然而言，人为的能量较之以前变得更加强大。有时，甚至改变了地形、山川本体形态。结果像足尾铜山（在江户时期就以产铜出名）带来的公害那样，对自然的人为干预给人类带来了巨大灾难。

图 58 东京市区修订效果图（1888 年，来源：国文学研究资料馆）

铁、玻璃和混凝土：产业化的风景

随着产业革命的进程，从农村到城市，发生了大规模的人口迁移。在东京、大阪、名古屋等大城市中出现了贫民窟，与此并行的是大城市中的西洋建筑与日俱增。

文明开化，产业化、城市化的进展，一方面产生了对逐渐消失的日本，以及对传统、民俗的关注。以及对被遗弃的、凋敝的“地方”的关注。柳田国男的民俗学《地方的研究》就是其中的代表。柳田国男确认了逐渐消失的日本第二景观层，进而要探究其基层。志贺重昂的《日本风景论》也涉及了这个第 2 景观层的发现。

其中，建筑的变化，即建筑材料和建筑结构的变化也容易理解。钢筋混凝土的发明刷新了世界中的景观。

钢筋混凝土（RC）结构[4]，离今天的我们并不久远，也就是 150 年前才被开发，100 年前才开始使用的。1850 年左右时，法国人朗波特 (Joseph—Louis Lambot) 用钢筋混凝土造船是最早的例子，之后 1867 年约瑟夫・莫尼哀 (Joseph Monier，1823—1906）把钢筋混凝土构件（钢筋混凝土造花盆和铁路的枕木）作为专利在世博会展出，以此为契机开始普及。1880 年莫尼哀试做了钢筋混凝土结构的抗震小屋，那以后德国的 G・A・瓦逸斯在 1886 年发表了结构计算方法，开始实际设计了桥、工厂等，逐渐广泛运用在所有建筑上。作为建筑作品的最初杰作被公认为是奥古斯特・贝瑞 (Auguste Perret,1874—1954)[5] 设计的巴黎布鲁克林街的公寓（图 59），1903 年建成。

钢筋混凝土的发明称为“铁和混凝土幸福的结合”。拉伸力强的铁和压缩力强的混凝土组合的确是合理的材料，并且还有若干个幸运的条件叠加。铁和混凝土的附着力十分强大，混凝土是

图 59 布鲁克林街的公寓

碱性的，铁只要被混凝土完全包裹在里面就不会生锈。而且钢筋和混凝土的热膨胀率非常接近。钢筋混凝土结构是具有耐久性、抗震、耐火性的理想建筑结构。还有可塑性，可以创造所有形状的梦幻材料。但其脆性，也是成为大体积的废弃物很难处理的材料，认识到这点是很久以后的事。

日本最初的钢筋混凝土结构的土木构筑物，是建在琵琶湖疏水山科运河日冈隧道东口的跨度 7.45m 的弧形单桁桥，是由田边朔郎（1861—1944）[6]设计的（1903，图 60）。然后是 1904 年因“刚柔论争”而有名的真岛健三郎（1873—1941）[7]设计的佐世保镇守府内的水泵小屋，接着是 1906 年白石直治（1857—1919）[8]建造的神户和田岬钢筋混凝土结构的东京仓库。真正的钢筋混凝土结构的建筑，认为最早的作品是白石直治设计的东京仓库 G 号楼（1910）。佐野利器（1880—1956）[9]于东京帝国大学担任的“钢筋混凝土结构”课程，是在旧金山大地震发生的 1905 年开设的。

奠定日本建筑结构学基础的佐野利器曾是昭和战前“刚柔论争”的一方代表人。即刚性结构派的代表，柔性结构派的代表是真岛健三郎。所谓刚柔论争，简而言之就是针对地震是让建筑足够牢固地进行抵抗（刚性结构），还是柔和地接受地震的能量，减弱冲击（柔性结构），两种观点，哪个为好的争论。柔性结构理论，是以实际地震中传统木结构住宅受害较少为依据的。今天隔震结构或制震结构是其思维的发展。昭和战前刚性结构派获胜，在木结构住宅中引入了斜撑。但是，战后柔性结构理论得到重新评价。因为超高层大厦的实现就是采用了柔性结构原理。而且建筑的结构技术对城市景观的面貌有着很大影响。

图 60 日本最初的 RC 桥
（照片提供：佐藤圭一）

钢筋混凝土结构的早期建筑是仓库、桥梁等，与人类的居住不无关联。在日本最初的钢筋混凝土结构的集合住宅（1916 年），意外地建在远离东京的长崎县端岛（图 61）。据说这里曾因海底煤矿（高岛煤矿）而繁荣，人口密度超过东京，是作为煤矿工人宿舍而建的，很像日本海军的土佐号战舰，出于这个理由，大正期开始称为“军舰岛”。这个钢筋混凝土建筑物林立的景观，是日本指向的第 3 景观层的形象。

1960 年以后，高岛煤矿由于能源政策从煤炭向石油转型而

图 61 日本最初的 RC 集合住宅（军舰岛，照片提供：Shingo Miyaji）

衰退。1974年关闭。端岛成为无人岛，公寓老化，走向崩溃。军舰岛的形象正像日本近代产业兴亡所孕育的景观。文部科学省的文化审议会，指定端岛构成的高岛煤矿遗址为历史遗迹（2014年），作为日本近代化遗产准备注册世界文化遗产[10]。

日本的煤矿町，明治以后的一个世纪经历了迅速成长和衰退的历史。我访问过北九州的煤矿町，由于开采田町的一面已经塌陷令我十分吃惊。产业化有着可以极大改变地域景观的强大力量。

建筑材料让世界景观涂炭的另一个例子是镀锌钢板。世界上民居的屋面，自古以来是由茅草、稻草等草类，或者烧制的土瓦敷设。

地域土生土长的自然材料可以塑造各具特色的民居形态。而这种屋顶，19世纪到20世纪都被换成了镀锌钢板。对比茅草屋顶、瓦屋顶等耗费人工，镀锌钢板便宜，施工简单。今后如果再出现价格低廉，性能上乘的新建筑材料，世界的景观又要为之一变吗。

西欧的建筑技术引入日本存在的最大问题是抗震性能。砖结构，石结构，砌块结构等砌筑结构，不适合多地震的日本。从明治到昭和，新建的砌筑结构的建筑遭受很大的灾害。对首都“东京”来说关东大地震(1923年)使之前的努力皆付之一炬。建筑技术，城市规划领域的革新是始于关东大地震之后的。

在日本，钢筋混凝土结构、钢结构的建筑结构标准的制定是1930年，之后，这些新的结构方式得到普及，出现了所谓近代建筑，即称为“豆腐块”式的、平屋顶的四方盒子的建筑（现代建筑）。

明治以后，西欧建筑技术的引进推进了日本建筑的现代化，在建筑样式上，西欧19世纪的样式建筑，折衷主义建筑原封不动地被照搬进来，或者是模仿的建筑。与此同时，1930 年代建筑技术和形式之间出现了错位，只是形式像豆腐块那样，几乎都是木结构的，现代建筑要在日本扎根，就必须仰赖于铁、玻璃和混凝土带来的建筑技术的成熟。战前的建设投资在 1938 年达到顶峰，然后走向建设性破坏。

由于战争灾害，明治以后建造的许多城市景观回归到一张白纸（图 62），日本近代建筑全面开花是第二次世界大战以后。

从废墟开始

二战战败后，日本的城市景观骤变。在废墟上新建的是现代建筑，战前的样式建筑一律不再建造。朝鲜战争的特需带来的高层建筑热潮成为战后复兴的抓手，日本高度增长开始腾飞，但鼓吹的是“木结构亡国论”，新建的高层公寓，钢筋混凝土结构或钢结构是一切的前提。

现代建筑的理念、手法是奠定日本第 4 景观层强有力的意识形态。

现代建筑在这一理念下讴歌“国际样式”，即世界各地都是同样的建筑、同样的建造方式，这就是现代建筑的理念。具体来说，使用铁、玻璃和混凝土等工业材料，四方盒子、像攀登架那样的建筑就是现代建筑，在当今世界的大城市中，雷同的超高层建筑林立，到处都是同样的工业材料产物，颜色也相近是必然的结局（图 63）。

现代建筑以前，建筑是采用各地的材料（地域原材料）建造的，各地域的村、町之所以能融入自然景观，首先是因为使用了地域土生土长的材料。可以说直至昭和战争前期，上溯至江户期的第二景观层是日本列岛各地保留下来的。

图 62 受到原子弹轰炸第二天的广岛
（1945 年 8 月 7 日，照片提供：AP）

二战后，城市化急速展开。明治初年的，日本的总人口约 3400 万人，战后约 7200 万人，而现在约 1 亿 2800 万人。在人口增加的过程中，日本列岛的平原地区转眼间都变成了宅基地。

日本景观的第 4 层的顶峰是 1960 年代的 10 年。

1959 年，预制（工业化）住宅的第 1 号（大和房屋的“简易独栋小住宅”）诞生了。说是住宅就是在 10 坪（坪 =3.3m^2）

图 63 超高层的城市，上海城市规划展览馆模型及浦东实景

左右的前庭增建的房屋。这个时期日本全国每年建造 60 万套住宅，全部是地方的木工和工务店建造的。但是，1970 年代，预制住宅占每年建造的日本住宅的将近 1/10。另一方面，这 10 年中，茅草屋顶的民居风貌消失殆尽。而且 1960 年之前完全不使用的铝合金的普及率 10 年后几乎达到 100%。日本住宅的气密性提高了，空调得到了普及。1960 年代的 10 年是日本住宅史上的最大转型期。

进入 20 世纪 60 年代，住宅生产的工业化，以及居住空间的人工化环境齐头并进。住宅由于工业化材料在工厂即可完成生产，室内环境实现了人工控制，同时意味着土地和住宅建筑和地域之间关系的松散化。景观的巨大改变不言而喻。

从住宅生产的观点分析，下一个划时代的景观是 1985 年（昭和 60 年）。以这个时段为界，日本每年建造的住宅中，木结构住宅被砍掉近五成，钢筋混凝土结构、钢结构住宅突破五成。私房的比例中，一户建独立住宅也减少了五成。而且进口木材的占比超过五成。也就是说在日本，用钢筋混凝土、钢骨建造的集合住宅成为主流是始于 1985 年。日本的景观受到破坏的程度单纯从这些数字就可以推知，城市景观逐渐沦为混凝土模块。

后现代主义的风景

在产业化、城市化、近代化潮流主导着世界的进程中，铁、玻璃和混凝土打造出的城市景观覆盖了整个世界，世界各国的城市景观同质化，其中潜藏有不断被同质化的巨大机制，是本书反复提出的问题。

但是，不久出现了对其产业化潮流的批判和质疑。作为象征是公害的发生。完成了高度增长，让日本景观发生巨变是在 20 世纪 60 年代末，随之大气污染（雾霾）、水质污染（水俣病）、土壤污染等，以及产业废弃物带来的环境污染问题凸显。还有，日照权问题等，开始意识到高层化、稠密化的城市环境的极限。进而 1970 年初发生的石油危机，让人们认识到地球本身也是有极限的，关于环境污染，气候温暖化，能源、资源、粮食等地球本身资源有限的问题，直到今天仍然是很大的问题。阿拉尔海干枯，阿尔比斯、喜马拉雅的冰河融化，以及海平面上升等地球规模的景观变化令人担忧。事态已发展到相当严重的程度。

在城市景观的层面，对越来越趋同化、均质化的趋势出现一种反对或批判的是 1970 年代以后。其批判的方向各种各样，比较易懂的是像四方盒子的攀高架那样的超高层建筑单调之至，出现了复活样式、装饰的动向。批判现代主义的种种尝试，不久被冠以“建筑的后现代主义”称号。

在其潮流中也有留下一部分历史建筑，改建成超高层的动向，第一章叙述的东京中央邮局就是其典型实例。称为“后现代历史主义”。以上说的第五景观层就是标榜后现代的建筑取代过去的城市景观的阶段（图 64）。

但是其转换，只停留在城市的表层的转换，并没有破坏和取代第 4 景观层，虽说是城市景观，其变化仅停留在装饰城市面貌的层面。

地球的环境问题也大大改变了景观。例如，到处建有巨大的风车就是其中之一，住宅屋顶上铺满太阳能发电板也是其典型做法。

但是，这些动向形成怎样的景观层呢？目前还不能预测。景观作法，可以说是确实与推动下一个景观层形成的方向性有关。

图 64 跳舞的房子，布拉格（照片提供：深尾精一）

2/ 景观的层面

前面大体回顾了一下日本列岛景观层的形成历史，那么景观的制作者究竟是谁呢？在此，首先为确认景观作法的前提，景观制作的主体，把景观的层面作为研究问题。所谓景观的层面，是指其规模，即成为对象的土地的划分，构成景观地域的阶段划分。景观问题可以从身边的生活空间扩展到整个地球环境。

形成日本列岛景观的是日本社会本身。在大的历史潮流中，形成了这个日本列岛的景观。但是另一方面，景观又是近在身边的，如果是以住居为中心的相邻环境，恐怕没有人会不关心。得知庞大的公寓在眼前建造就会毫不犹豫地卷入“风景战争”。城市景观也好，田园景观也好，生活在那片土地的居民，都与景观有关联。不言而喻，国土规模的景观，日本列岛整体的自然景观问题也不能说与身边的景观问题不无关联。

地球景观（层面 1）

最大规模的景观，最大的景观层面是地球景观，即地球形貌本身。依靠人类的睿智不断探明其是庞大得多的宇宙（时间、空间）构成。宇宙整体远不是人为可以搞定的。人为，即人类的活动，对地球整体的形貌本身产生作用，这一点直到最近才被认识到。

从太空眺望地球的视角，被 1961 年世界第一个进入太空的完成宇宙飞行的宇航员尤里·阿列克谢耶维奇·加加林（Yuri Alekseyevich Gagarin）驾驶 Boctok—1 号首次获得。“地球是蓝色的”那句话在日本很有名（严谨地讲“天空非常黑暗，而地球带有蓝色”是忠实于原文的翻译）。

之后经过半个世纪，从地球外观赏地球的视角，成为常态；随时可以观察到人类日常活动的样态。昔日完全黑暗的夜间地球，可以让连续 24 小时活动的大城市圈域明亮地浮现出来（图 65）。

回顾迄今人类自己是如何认知宇宙的，是令人吃惊的视角。而且想到人类将地球变成现在的样态，过去认为是由神、佛、天帝主宰的宇宙，经过人类的不断活动将其变为身边的世界深有体会。

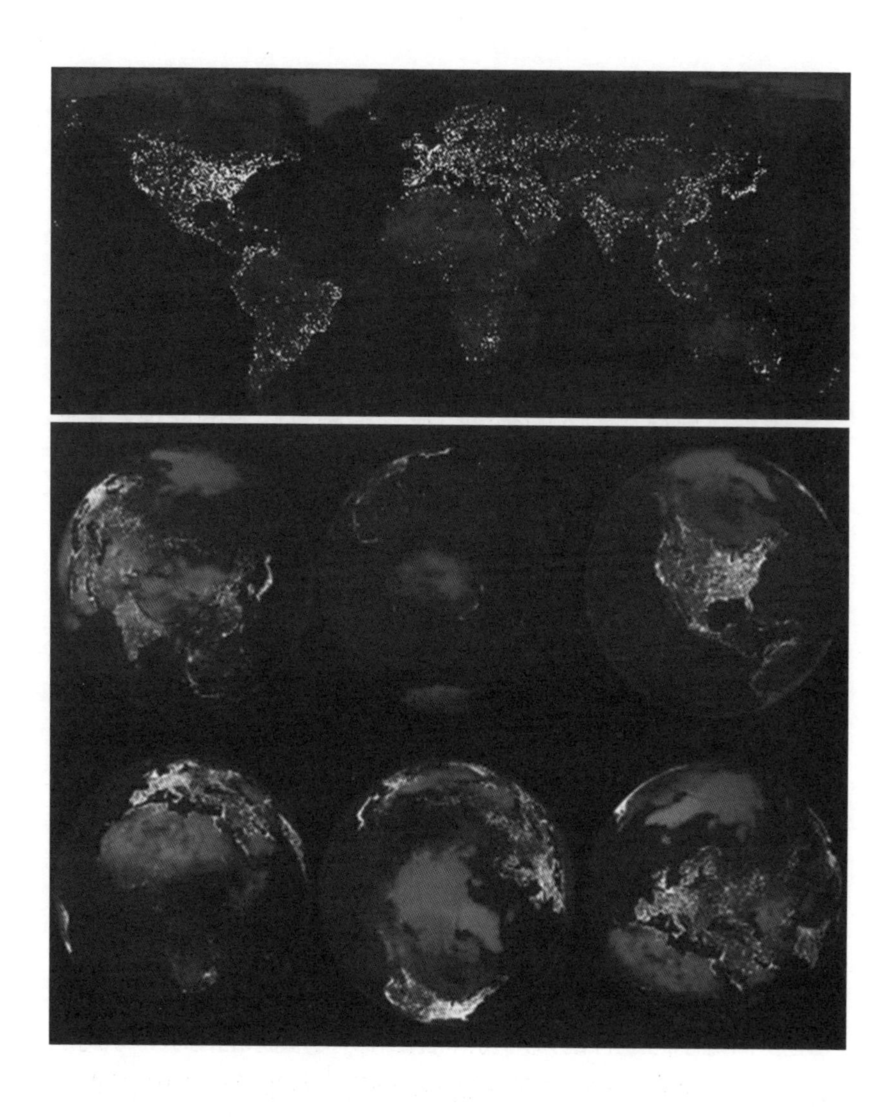

图 65 夜间地球

实际上，比绕地球一周的加加林所说“地球是蓝色的”那句话更有名的是“在这里没有遇到上帝”。

现在我们人类认识的宇宙，远远超过地球规模。有太阳系、银河系、河外星系，而且据说宇宙的多半是充满“黑色物质”、“黑色能源”的。宇宙的起源是什么？而且将来又会怎样？本来，这些并不是本书所关涉的内容，宇宙之谜至今还没有解开。目前不得不假想为上帝赋予的。

总之，地球作为太阳系的行星，上溯其起源的原理，正确的是按照人类构想的原理生存至今。其具有地球物理学已证明的物质结构，通过公转、自转的运动每天存活着。景观论的最大范围是收敛于地球的形貌。人类的各种活动在改变着地球的形貌，其反映在地球环境问题上，直接切入这个层面的问题并非容易。

只是感兴趣的是，探究极大世界的宇宙论和探究极小世界的素粒子论有着密不可分的联系。借用天文学的“大爆炸宇宙论”“膨胀宇宙论”的展开和素粒子宇宙论的展开之间的关联进行类比，地球的景观与身边的景观也是密切关联的。本书最终是追问身边的景观，但至少有必要纳入地球景观的视野。

即应该认识到地球的生态系统正在失去平衡，处于危机状态，其根源在于景观问题。请思考一下前述的中亚咸海的例子，阿姆河和锡尔河这样的大河将降落在帕米尔高原的雨水、冰河消融的雪水运来而形成的内陆湖咸海，但没有从那里分流出的河川。由于处在干燥地带，自古以来蒸发的水量保持并与流入的水量维持着平衡。这个被阿姆河和锡尔河夹在中间的，昔日希腊语称为“transoxiana”（河中地区），“越过 Oxos（阿姆河）地方”

或者阿拉伯语称为“—warā'an—Nahr”（河对面的地方）的地域形成一大绿洲，在世界史的流域中发挥了巨大作用的地域，即“丝绸之路”的中心地。现在，这个地域发生着戏剧性的变化。其象征是咸海的消失、地球温暖化、欧亚的冰河不断消融变窄，另一方面咸海几乎干涸了。由于人口增加、灌溉网的扩大，水量不足是不言而喻的，而且加上抽取和使用里海的水也是很大诱因。本来咸海的水就很浅，水量稍微减少就会引发严重的湖岸后退。

地域的经营变化，会带来地域景观戏剧性的变化，此外地球环境问题使地域景观发生巨变的例子，不仅是咸海，还有亚马逊、戈壁沙漠、水俣等不胜枚举。还有“福岛”的风景。

关于地球层面的景观。设定下一个层级单位是可能的。上述的“生态圈”（应地利明），以生态学基础为基调发展起来的历史文化的复合体——“世界单位”（高谷好一）就属于下一个层级单位吧。

地域景观（层面 2）

地球本身的运动决定的生物圈，其所培育的“世界单位”的下一层级无数的地域划分是成立的。界定这些地域边界的是自然，即作为土地的形貌与地域整体是相关的，包围地域的山、平原、河流、湖海、草原是大的自然景观。这个层面与地域的生业、经济的整体关联，进而关系到地球环境问题。尼罗河、底格里斯河、幼发拉底河、恒河、长江、黄河等大河流域是城市文明发源地。人类开始居住的场所是靠近水源的，迄今水的循环孕育了自然，繁衍了多样的动、植物，支撑了人类的活动。

地域的规模，在生态学的基础上应该是伸缩自如的，国土规划的层面就是这个第二层面。作为世界单位或者下一层级单位，整个国土，即从日本列岛的南面到北面，那里的利根河、淀河、信侬河等主要河川的流域圈成为地域划分的基础。从水资源的角度来论述比较易懂，淀川水系和近畿水圈是不可分的，日本海一侧设置的核发电站发生事故，放射能物质流入琵琶湖，基于此，淀川水系是一个单位是不容分辩的。

作为下一层级单位，《风土记》的世界应属于地域景观的第2层面吧。说到出云，就会浮现出防风林的景观（图66）。还有都道府县、市町村这样的行政单位，在历史形成的意义上也应属于地域景观的单位。特别是江户时代的“藩”作为地域的自然文化社会生态单位具有历史的依据（第2景观层）。

城市——市区景观（层面3）

在地域中，由聚落、城市人工的建造物形成的空间为次一级的单位。层面1，2的地域景观极大地左右着自然，对此，人类的行为极大地左右着层面3的身边景观。

市区景观的整体首先就是问题。这个层面也有必要按照聚落、城市的规模划分。东京这样巨大城市和人口稀少的山村虽有着共性的问题，却有着完全不同的景观问题。在欧洲，城市和农村是截然分开的。而在日本城市和农村浑然一体没有优劣之分，这是基于法律框架问题。在日本的城市规划法中，日本列岛只分为市区化区域和市区化调整区域两个区域。诚然全国一致的法规体系是导致统一的风景蔓延的最大要因。后面还要详述，实施景观法，努力形成各地域自己的特色景观是新近的事情。

在这个层面3，支撑城市生活整体的基础设施的现状成为问

图 66 斐川平原的地貌特征
及门前松风景

题。还有产业结构左右着其景观。

地区景观（层面 4）

城市——市区的景观也可以进行细分，各地都不同，像京都那样的历史城市，北部要保留，南部要开发形成和缓的共识。在其他各城市，根据地区不同景观形成的指南也不同，以下是地域性原则下的“各地区的固有性”。

也是依据规模，某城市（市町村）的景观用一个格式化形象去把握是困难的（美丽国家建设协会，2012），应指向每个地区的固有性。作为城市——市区整体成为马赛克式的拼接即可，当然那也是自然的。而且马赛克本身具有魅力。各地区，如保护地区、更新地区景观形成的指南都不同。开发还是保护，或者传统还是创新两分法并非就好。原则是在各城市地域居住的人们共有的问题意识中进行选择。

这个层面 4 容易理解的是文物保护法规定的传统建筑群保护地域的规模（图 67）。全国各地以保护留下来的历史聚落，街景为目标的文物保护法的修订是在 1975 年，以后，依照市町村的保护条例决定保护项目的规划，国家选定特别有价值的重要传统的建筑群保护地区，现在有 86 市町村中 106 个地区，遍及 41 道府县。完全没有选定的有山形、宫城、东京、神奈川、静冈、大阪、熊本。这种情况相对反映出该都道府县的城市化程度，日本第 2、3 景观层的残存状况。这个层面的地域规模并不是存在于都道府县层面，有的在同一市町村选定了若干个场所，例如，盐尻市（长野）、高山市（富山）、南枥市（富山）、金泽市（石川）、加贺市（石川）、高山市（岐阜）、京都市（京都）、篠

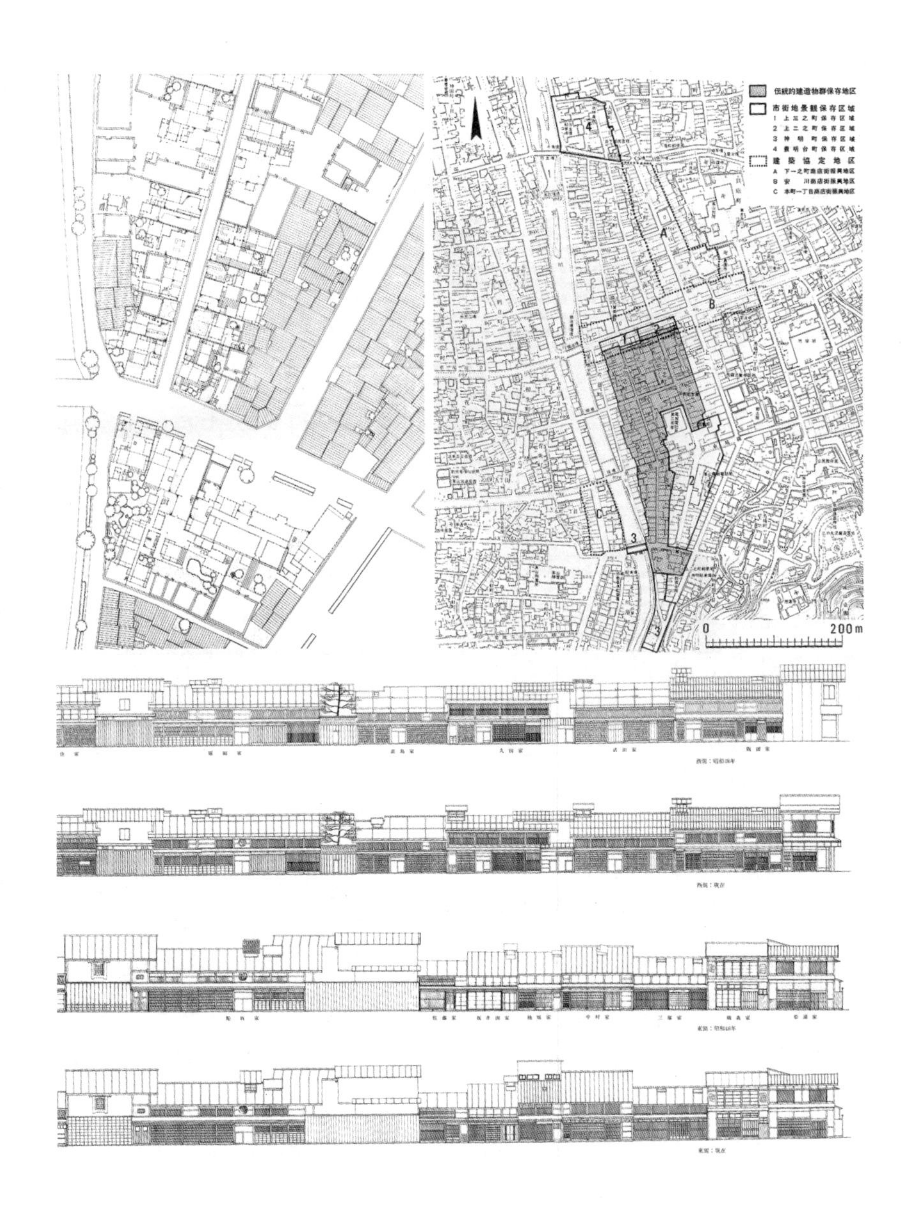

图 67 传统建筑保留地域保护方案

山市（兵库）、大田市（岛根）、萩市（山口）、八女市（福冈）、UKIWA 市（福冈），鹿岛市（佐贺）、长崎市（长崎）等 14 市，是聚落尺度、街区尺度。被选定地区的规模范围从 0.6hm^2（金泽市主计町）到 1245.4hm^2（南木曾町妻笼宿）不等，就是说 1hm^2 也足以成为景观形成的单位。

不言而喻，这个层面存在问题的不仅包括历史的聚落或街区，新形成街区在各个场所是否形成固有的景观，回过头来看，是否与历史留下的街景协调成为问题。建设新规划的住宅区也有地区[11]规划制度等法律手法。

这个层面的最大问题是机动化的浪潮覆盖了整个日本列岛，地方城市也不断郊外化。在城市郊外，为把汽车引进来，华丽的大广告牌、标新立异的郊外型商店泛滥，展开了如美国郊外住宅区那样的风景（图 68）。另一方面在地方城市中心不断建造与其规模不相协调的高层公寓，可以说抹杀场所固有性的趋势渐强。

景区景观（层面 5）

层面 3 是俯瞰街区的大景观层面。区别于町内中的小部分的景观，以及景区的小景观。同时也区别于介于大景观与小景观之间的介于中间的街区景观，来自某地点的眺望景观，例如，区别于我们在路上行走时看到的尺度，即中景观。层面 4 是中景观的层面（图 69）。

景区是小景观的层面，谁都可以参与的身边景观。下面介绍获得 SHIMANE 景观奖的作品（图 70）。

在松江每年 10 月都有松江神社的祭日，举行《鼕行列》仪式。

图 68 尽端路商铺排布的风景

图 69 中景观

图70 获岛根景观奖的小景点景观 a: 自动贩卖机的修饰; b: 高津川的水边小品(圣牛);
c: Audi 山阴; d: 木制的招牌; e: 干柿子做的帘子; f: 松江游览 REIKU 线

江户时代在藩主松平宣维的领导下，据说始于为从京都出嫁的岩妃，各町内敲锣打鼓欢乐，是为庆贺松江开府的节日。可收纳十几台山车的山车库是成为町景点的重要要素。还有小规模的集会所、厕所、汽车站、长椅等的街道家具，以及街灯、自动贩卖机等放入公共空间的东西都是设计要素。

自动贩卖机巧妙地使用与外墙同样的木材包装的设计，为防洪而使用将传统的圣牛放置在水边的设计荣获 SHIMANE 奖，受到好评。景区景观招牌、标识也很重要。还有如何使用自然素材也是地域景观设计的关键。

也要考虑季节、时间带来的景观推移，为夜景的灯光设计，只有秋季才有的风干柿子制作的帘子等也成为 SHIMANE 景观奖的对象，不仅是静态物质的设计，巡回大巴，列车等设计也可以获奖。只要符合景观及风景的定义，表彰的目标很明确。风景具有被享受的丰富意义。

例如，大城市到处都有可能建造有魅力的景点，第一章 2 节中也涉及这方面内容，京都大景观的保护也许已经落后了，许多场合，三山的景观不能像过去那样可以眺望了。但是正像引入眺望景观的保护政策那样，街景等沿街的中景观，景区的小景观有魅力的东西也不少，活用这些构成景观形成的原始线索，不仅是京都，任何城市划分景观的层级和维度，从各个角度切入成为基本方针。

3/ 景观作法的基本原则

根据以上设定的景观层面，谁都可以参与景观的形成，景观创造是很清楚的。至少层面 3~5 与现实中身边的活动有关（图 71）。

从这里开始，把具体的景观作法作为主题，先来确认一下景观作法的基本原则，首先是人人都可以参与景观塑造，人人都是建筑师的原则。

人人都是建筑师

所谓“建筑师 =architect”是指单纯从事“建筑”的人。例如，建造住宅也是建筑，因此人人都是建筑师。

但是，在日本建造住宅的经验逐渐减少，住宅不是建造的是购买的、是选择的，布野修司在《住宅战争》（1989）中主张了住宅从建造变成购买这本身就是决定性的问题。预制（工业化）住宅就是其象征，住宅变成使用工业化材料在工厂制作，势必影响和改变昔日使用地域材料建造的街景。

但是即使自己不建造住房，选择什么样的住宅与景观的样态仍有很大关联。居住什么样的住宅也是各自的生活表现。而且住宅区景观是由每个单体住宅构成的，即使自己不设计，也会委托他人，或选择某人设计的住宅，通常这个人就是建筑师，而决定设计的是居住在其中的自己，在这个意义上自己同样也是建筑师。从这个角度来说，就可以清楚地意识到人人可以参与地域景观的涵义了。

说到“architect”，就好像极有特权、很了不起。的确在欧

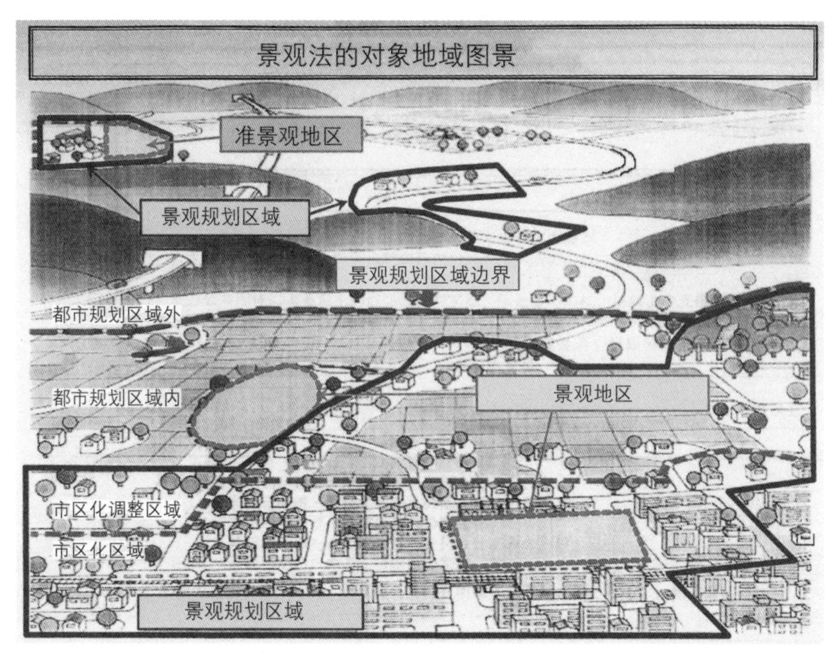

图 71 景观作法区域

洲的传统上“architect”是伟大的存在，“architect”不仅建造建筑物，也从事道路、桥梁、水道、港湾等土木工程。此外，不仅是造城也参与投石机等武器制造，也进行日晷、漏刻、抽水机、起重机、风车、搬运机等机械制造，像统领一切的上帝那样，经常被理念化的是“architect”。

文艺复兴时期被理念化的还有作为万能人、通用人（普适人）的“architect”。达·芬奇、米开朗基罗等是发明家、艺术家、哲学家、科学家、工匠，这个像神一般的万能造物者“architect”的形象极其根深蒂固。多才多艺、博学强记的“architect”的形象至今仍被理想化。

如果人工物全是由这种理想的“architect”设计，也许就没有景观问题发生。然而理想是理想。世界，是否能人为地建立秩序，即使考虑了核燃料废弃物的处理问题也完全搞不懂。而且理想的“architect”等越来越复杂化的现代社会是难以期待的。

在日本，原本的欧美流派建筑师的概念、语言并没有被广泛普及。对一般人来说，所谓建筑师是“建筑士”，是“绘图员”（绘画屋，漫画屋），是“土建人员”，是“建筑业者”，是“木工”，充其量是“建筑工匠”，这种差别是很大的。

实际上，在欧洲这种分裂、差别也是始终存在的，即认为区别于石匠、木工，从事知性、精神层面工作的“architect”才值得受人尊敬。即使是达·芬奇，也是在从事绘画、雕刻、金银工艺品制作的工坊中成长起来的匠人，并没有留下体系完备的理论，留下的诸多手稿在生前也没有公开发表过，影响力也是有限的。前面提及的与风景画诞生有关的A·丢勒也是超越达·芬奇极限的艺术家，也不过是存在于艺人世界。匠人的手工作业在欧洲历史上一贯给予较低的评价，但是在文艺复兴中发挥巨大作用的是匠人们，对这一历史事实山本义隆的三部著作[12]进行了全面解析。

特别是就景观而言，与匠人和建筑师的区别无关，就是说人人都是建筑师或是匠人。作为“architect”的译语采用“建筑”一词之前，使用的是“造家”一词，如同有造船的词汇那样，是建造家的意思。但是“architecture”=“建筑”的译语同时区别于building =“建造物”，而且“architect”（建筑师）区别于“builtder（建设者）”。关于这个问题在《裸建筑师—town architecture论绪论》（布野修司，2000）也涉及，故在此省略。

“建筑”与“非建筑（建造物）”的区别（差别），对景观问题来说基本上没有意义，作为“建筑作品”无论如何出类拔萃，都容易触及所建场所景观问题，换言之在景观层面中的其表达也在其评价之中。

建筑师说“日本的町一点都不美丽是因为没被我们所尊敬”，“别那么自高自大，破坏美丽日本的元凶不就是建筑师吗，可以信赖的是诚实的木工、工匠们，不是口头上的建筑师”，“一般大众”反驳的构图，不能成为解决景观问题的线索。超然于建筑和建筑物区别（差异）的地方存在景观问题。所有的“建筑”=“建筑物”的街景形成，是不必经过以上缜密思考的，是自明的出发点。

即使这样仍然选择“architect（建筑师）”一词，也是因为找不出其他更好的词汇。具有根源性的意义。掌管源头技术的是“建筑师 = architect”，“architecture”由来于希腊语“arkhētechne”，arkhētechne 是由 arkhē（原初、根源）的 techne（技术、技能）为语源的，所谓“architect”不是仅限于“建筑师”的，正如“电脑建筑师”(computer architect)那样，是与身边景观，身边环境有关的才是“architect”本来的涵义。在确认上述观点的基础上整理一下之前讨论确认的景观作法的诸原则。

景观的个性

从景观或者风景的定义出发，基本推导出来的是地域性原则，每个地域创造出独自的固有景观是第 2 个基本原则，而且把“每个地域的固有性”作为原则，前面已经阐述过。重要的问题是景观的个性，如何形成并保持下去的问题。

全国各自治体制定了近500条景观条例，观其内容大同小异，几乎是一样的，实在看不出特别重视地域的固有性的，这在景观法上也基本相同，在条例文本上，本文只能写些原则性的东西或者程序上的东西，可以说是没有办法的，但是实在令人着急。即使强调地域性的原则，也不能规定其地域性的具体内容。上述景观的层次和维度不能详细规定，作为条例规定并不繁琐，是本质上不能规定。首先有如何设定地域的问题。

在条例下制定各种与标准相关的指南也存在有类似问题，而且这些指南全国大同小异也是大问题，明显违反地域性原则。制作只是更换不同地域照片的景观指南，这种咨询的态度可以说有本质的问题。

相比之下，景观奖等表彰制度可以说还是遵循了地域性的原则，评价各个场所的景观，与单纯按照评价项目的审查不同，就评价而言有讨论的可能性。但是即便是关于景观奖，如果在全国各地选出来的东西互相类似也是大问题。问题是景观的格式化。

受到质疑的包括地域的构想力、创造力。从地域中抽出各种有独创性的作业是基本。

日本的街道都很相似，因此，从欧洲城市借用意象。主题公园的构想泛滥，也实地落成了。如在长崎为再现荷兰街道建造了豪斯登堡，在多摩新城建了意大利的山岳城市。但是欧洲城市果真能成为各城市的模式吗？当然也不是说原封不动地复原日本的传统街景就好。

地域性的原则，即唯有这个街道才有的景观的原则，并不是只限于过去这个街道原有的东西，也包括今后创造的东西。

以只属于这个街道的原创为基本，相反，这个街道“绝对不要有什么”的创想也很重要，例如，这个街道不要“银座”，不要步道桥，不要地下街，不要高速公路，不去模仿别的地方就会产生出自我的地域固有的东西。

景观的活力

正如第二章 3 节提出的“景观价值论”那样，景观绝不是固定的、静止的东西，而是变化的。自然景观也好，文化景观也好，是长时间、历史演化而来的，今天仍在变化。景观问题、特别是一提到历史景观的问题，就会回到先冻结地保护起来为好的话题。文物保护法下的传统建筑群保护地区等规定是其前提。但是有时剧烈的变化也会生成景观的个性。以景观的活力为前提是景观作法的第 3 个原则。

京都的情况是，要保护古都的景观呼声较多，对此，经常出现把京都“博物馆化”是否为好的争论。围绕着京都景观问题，是博物馆化还是经济化，看上去是对立的观点，但是通过博物馆化，即出现了套现历史景观老本的意见，话题变得复杂了。京都每年有 4000 万游客来访，观光的收入约占 GDP 的 10%。其中只靠景观取得收入的街区也有，这种情况，景观某种程度的冻结的保护也许是必要的。

但是，博物馆化即景观冻结保护是极特殊的个案，只限于人类的营生，景观基本上是变化的东西，而且是有活力地变化下去的。

日本各地都在进行将电线杆埋入地下的行动。的确与欧洲城镇相比，电线杆的存在似乎有损于日本的街道景观。但是电线杆曾是过去近代化的象征。曾有农村不断建电线杆标志着文明的普及而被认可的历史。而现在觉得它碍眼让其走入地下。然而这种作法也要一刀切的话是有问题的。此外，不要仅是地下化这一种手段，可以尝试把电线杆作为景观要素采用，通过这个小例子就可以说明景观在地域中理应同历史同步变化。

地球环境和景观

正如第二章“风景原理”所概括的，以及景观层面上所确认的那样，景观关系到人为和自然的关系。作为景观问题的背景要探究的是地球环境问题。

将身边景观与地球环境问题联系的过程并非易事。但是，重新考虑与身边自然的关系是有效的路径。其间的环境变化的确是惊人的。过去我们倍感亲切的环境中觉得理所当然的生物（例如鲔）基本消失了，濒临灭绝的生物每年都在增加，令人毛骨悚然。

我们的生活环境由于不断地人工环境化，以前同生物相关联的土、火、水、风等自然基本要素直接接触的机会越来越少了。温室栽培等使食物、花卉一年四季都可以得到，季节感淡漠了。正像布满塑料大棚的田园景观所象征的那样，随着自然的变化，一年四季可以观赏到各种表情的景观的状况也改变了，而且还出现了异常气象。受地球温暖化的影响，气温逐年升高，而且原来没有的暴雨不到季节就突然袭来，每年都发生城市洪水灾难是因为所有地表而都铺装了沥青，雨水一下子就汇入河流的原因吗？还有，超过计算的降水量溢出了下水管也是原因之一。让雨水渗透到地下，或者有效储存起来利用等是我们应该考虑的身边的事情。

简单的导则是在地表面增加绿地，在身边的场所增加与自然接触的机会。例如，作为 CO_2 等温室效应气体减排的对策，首先要大幅度地减少能源消耗量，同时以增加吸收 CO_2 的森林、农田的面积为目标。这是土地利用的问题，城市规划的问题。即也是最身边的课题。

另外一点，围绕着地球环境和景观，成为单纯指南的是尽可能地使用“自然材料”“地域产品”。自然材料当然在减少环境负荷这点可以评价。所谓“地域产品”有着通过在地域内建立循环系统来减少能源消耗的涵义。

但是，尽管地球环境问题被热议，也探讨了各种应对策略，然而却看不出事态的改善实在不可思议。这正清楚地表明有现代的根源性危机。

第一，不把危机当做危机来认识的盲目乐观主义。或者怀疑危机的怀疑主义；

第二，相反把危机只作为危机来炒作的生态主义，或者与生态名声不符的“伪生态”横行；

第三，上述两项潜藏着“不切实际的真实”[13]；

第四，作为潜藏的“真实”，把危机当危机进行经营，或者不管是不是危机，以差异、差别作为利润的原动力的世界资本主义的自我运动；

第五，意识到危机只作为危机去认识，但不知道应对方法，有不会处理的问题。这些都是最身边的问题。

依赖石油的社会，依赖汽车的社会注定有问题是不言而喻的。但是并不能说就不乘汽车了，只要改变生活方式即可，理论上能理解，但行动跟不上，陷入尴尬的事态中。即地球大的问题和各自身边的小问题直接交织在一起，又解不开的就是现代。

景观问题说大了也是地球环境问题，处于这种困境之中。

达成共识与景观

景观问题，如前面反复确认的那样，绝不是个人的美学和嗜好问题，而是公共的问题、地域整体的问题。关于地域景观如何达成共识是解决问题的关键。以下接着论及基于景观条例、景观法等的景观整备、景观形成的手法，实施各种规制的前提是首先得到地域居民的共识。

①地域景观应该是什么样的，就这个主题要达成共识。

对地域生业，土地的利用的共同认识是其基础。地域如何生存下去，如果没有基本的共识就没有景观可言。如果连饭都吃不上，论述景观的理念、原则没有意义，也没有动力。景观是地域居民多样的生产活动的自我表现。

②对地域的历史景观资源要有共同的理解。

景观不只是现在活着的人们拥有的，也是过去人们形成并传承下来的。如何评价它要达成共识。另外，把什么样景观传承给未来的居民们也要达成共识。所谓传统（tradition）就是传递（deliver）。

③对地域自然资源要有共同的理解。

创造了地域固有景观的不光是人类，多样生物的经营与地域景观的形成也相互关联。对多样生物的生息环境的共同理解是一个基础。

以上②③达成共识也许没有太大的分歧，但是①和②③经常发生冲突。地域居民之间的意见产生分歧。地域中有各种利害关系的对立是正常的，以及围绕着景观“地域外”业者和“本地”

的业者行动原理不同也是正常的。在这个层面上达成共识正是地方自治的问题，也是地方政治的问题。

但是，景观上的达成共识，应该多在更近身的层面进行创想。就上述的景观层面而言，从层面 5 的点状景观出发较好，近身的环境的话，例如，将商店街的门帘、招牌进行统一，住宅区的话，每月清扫一次，都是常规要进行的。地区景观（层面 4）→城市—市区景观（层面 3）→地球—地域景观（层面 2）不断扩大其共识是基本方针。

达成共识是公和私（利害）的调整，景观显然不是私的东西，但是说到公，在日本是“天皇”，其“上意下达”的语境更强，条例、法规也基本上是通过“公”限制“私”的权限为前提的。但是中国所说的“公”不仅是上和下的垂直关系，也指个体（私）和个体（私）之间的水平关系。所谓达成共识，即在日本就是“公”和“私”之间的调整问题。也可以称为“公”和“私”之间的“共”的问题。在空间上“公”和“私”之间的“中间领域”“共用空间”是可以无限扩展下去的问题。

综上，为思考景观，以及实际进行景观营造时，确认了几个基本原则，下面讨论其具体如何操作以及能做什么。

4/ 景观法和制度

景观条例

2004 年《景观法》出台了[14]。其基础是 2013 年 7 月的“美的国家建设政策大纲”（日本国土交通省）。其中强调了关于景观法的制定，仅仅 1 年的时间就得以实现，这一系列的过程中自然有前史。

与景观法制定直接相关的是 20 世纪 60 年末至 20 世纪 70 年初开始的各自治体的景观相关条例制定。似乎预测了围绕着东京海上大厦，京都塔的美观争论所象征的高度经济增长期的终结，有“金泽市传统环境保护条例”（1968），“仓敷市传统美观条例”（1968），“京都市市区景观条例”（1972）。保留历史街景的地方城市先驱条例制定动向，是与《文物保护法》修订下的传统建筑群保护地区制度相结合的。之后，根据 1978 年神户市城市景观条例的制定，准备了城市景观基本规划的制定、城市景观形成地域的指定、地域景观形成基准的制定等菜单，以最普通的形式完成了条例的体系化。之后全国自治体相继制定了景观条例。以 2003 年为界制定的景观条例实际达到了 494 个。

但是，景观条例终归是条例，没有法律约束。各地“风景战争”勃发，违反条例即便提起诉讼，因为缺乏法律依据毕竟没有实效性，正像迄今所看到的那样，景观法所期待的，正是法律所拥有的实效性。

日本的城市规划或者与建筑相关的法规制度，肇始于 1919 年的城市规划法、市区建筑物法的制定。市区建筑物法是当今建筑基准法（1950 年制定）的前身。城市规划法也好、市区建筑物法也好，基本上是取缔法。两年前取缔市区建筑行为的建筑警察在制度上被规定下来（警视厅建筑规则），以此为蓝本起草的，取缔违章建筑这一法律的基本至今没有改变。

然而，日本最初的城市规划法，市区建筑物法中已经包含“美观”以及“风致”语言，值得特笔。“……根据土地状况认为有必要时为维持风纪、或风致必要时可以特别指定的地区”（城市规划法第 4 条），“内务大臣可以指定美观地区，设定其地区内的建筑物结构，设备以及与基地相关的美观上必要的规定（《市区建造物法》第 15 条）”。实际上，围绕着两法的制定，成为争论焦点之一的是“美观”。法律制定的目的不单纯为了“取缔”，有着“增添城市美观”或者“让城市更美好”的主张，争论的结果，“美观”被排斥掉。对日本城市规划的发展发挥了很大作用而闻名的大阪市长関一回顾和叹息道“‘美观’二字永远地被抹杀了，日本的城市规划与城市美全然没有关系了”。

这个“风致地区”“美观地区”实际被指定是很久以后的事了。在东京府全国最初的风致地区被指定是在 1926 年，位于明治神宫外苑。在这里建了巨大的新国立竞技场在第 1 章“东京”中提及。1930 年京都府的鸭川、东山、北山被指定，1940 年之前全国有 464 个地区被指定。美观地区则是在 1933 年，皇宫外郭一带是最初被指定的，与“天皇”相关的地区都为第 1 号。伊势神宫的内宫，外宫的参道，御幸街也在 1939 年被指定。“美观地区”比较少，在大阪御堂筋（1934）、大阪火车站站前（1939）被指定。

进入至 20 世纪 30 年代，受欧美的美丽城市运动影响，各地设立了城市美协会，展开了城市美运动，1936 年在东京设立了城市美协会。但是其运动在加强战时体制中被防空运动所吸收。接着许多城市化为灰烬。

景观法

《景观法》由“第 1 章总则”至“第 7 章罚则”共 7 章 107

条构成。重点是具有强制性的与景观相关的根据法首次推出。其次为景观形成准备了若干个机制。其要点陈述如下。

目的（第一条）[15]，接着是基本理念（第二条）[16]，规定有若干引人注目的机制。

首先，是景观行政团体的自治体（市町村）编制的景观规划。景观规划即决定景观规划区域，制定景观规划区域[17]内良好景观形成的相关方针。同时制定为形成良好景观的行为约束的相关事项。

景观行政团体，可以设立景观整备机构（特定非营利活动法人）（第5章），可以组织景观协议会（第15条）。景观协议会可以吸收相关行政机关，以及观光相关的团体、商工关系的团体、农林渔业团体，电气事业、电气通信事业、铁道事业等公益事业经营者，以及居民及其他从事促进良好景观形成活动的个人加入，居民等提出的建议也可以被认可（第11条）。

再者，景观行政团体可以指定景观重要建造物，景观重要树木、景观重要公共设施。以所有者全体同意为条件。规定“不得增建、改建、搬迁或拆除，改变外观的修复，或改变纹样或变更色彩”（第22条）；规定对违反者，命令其恢复原状（第23条）；赔偿损失（第24条）；所有者的管理义务（第25条）；撤销指定（第27条）等。

市町村，就城市规划；或准城市规划的土地区域，为形成市区良好的景观。在城市规划中可以规定景观地区，准景观地区（第3章）。关于景观地区可以进行以下规范；（1）建筑物的形态设计的限制；（2）建筑物高度的最高限度或最低限度；（3）墙面位置的限制；（4）规定建筑物占地面积的最低限度，建筑物形态设计的限制（第61条）。

准景观地区可设在“城市规划区域及准城市规划区域外的景观规划区域中，进行相当数量的建筑物建设，目前形成良好景观区域的一定区域”（第 3 章）。即可以在所谓市区化调整地域中设景观区域。还有景观协议缔结的规定（第 4 章）。

在景观协议中，可以决定成为景观协议目的的土地区域（景观协议区域），同时可以制定 “A 建筑物的形态设计相关标准；B 建筑物的基地、位置、规模、结构、用途及建筑设备相关标准；C 制作物的位置、规模、结构、用途及形态设计相关标准；D 树林地，草地等保护及绿化有关事项；E 户外广告牌标示及户外广告牌的张贴物件的设置相关标准；F 农田保护利用相关事项；G 其他良好景观形成相关事项”。

景观整备机构

由于日本《景观法》的颁布，与景观相关法律框架基本就绪，但是如何运用是另一个问题。

景观地区、景观规划区域的指定由谁如何进行？景观重要建筑由谁设定什么样的标准？景观协议会、景观整备机构由谁组织？居民、NPO 法人的建议由谁以什么标准进行认可？等等，景观法需明确的地方很多。即使是现有制度，特别用途地域性等，只要想做就可以使用的制度也不少。各个自治体独立的机制应如何建立也存在竞争性的困惑。

景观法施行以来经过了 10 年，景观行政团体约 600 个，其中约 400 个制定有景观规划，但是景观法施行以前制定有关景观条例的自治体就约有 500 个，因此并没有显著增长，依据景观法将条例落实到景观规划的自治体约 200 个，完全制定新的景观规划的自治体约 200 个。即有近 300 个自治体停留在条例上，比起有法律的强制性的规定，更多选择达成共识的弹性做法。也有条例和景观法并用的例子，这种多元的做法是受欢迎的。

其中，本书后面还要提到，在权限和报酬以及任期明朗化的基础上，我认为个人或者一定的集团对城市（地区）景观形成负有责任的城镇建筑师制度是一种选择。欧美有各种形态，没必要都模仿，建立日本自己的、各自治体独立的机制为好。关于景观法的活用，有 6 个前提列举如下：

（1）景观行政团体（自治体），首先在城市形成过程，在景观资源评价等基础上，有必要将市域划分成若干地区，即使是同样的城市，依照地区景观特色也不同。

（2）地区应该是“美丽”的。景观问题不局限于景观规划地区，景观形成地区的区域。就景观法等规定的地区指定而言，尊重居民、NPO 法人的建议是当然的，但是在此之前，自治体（景观行政团体）应有明确景观规划，整个市域应有明确的地区划分。当然可以尝试居民参加景观规划的制定，也可以尝试地区划分的设定，可以考虑在本阶段要求景观整备机构发挥作用，但是权限并没有完全转让，本来就应是自治体（景观行政团体）的责任。

（3）所有的地区应有理想的景观设想，所有的建筑行为要立足此观点进行讨论。为所有地区创造理想的景观，如果没有接受某种规制作为前提，可以想象景观地区和以外地区，指定以前和指定以后的权利关系之调整是极其困难的。

（4）景观的创造，景观的整备有必要在城市（自治体）的整体规划（综合规划，城市总体规划）中定位。景观行政和建筑行政，城市规划行政的紧密协作必不可少。

（5）每个地区有必要首先设定未来的愿景，同时设定景观的意象。对应此设定，始终贯彻居民全面参加工作坊反复进行讨论是不可欠缺的。地区景观的一定形象是共有的，这是一切的出发点。

（6）每个地区景观形象设定后，为地区景观的创造而存在的组织、协调、创办人等是城镇建筑师。每个地区自治体直接组织景观协调会欠缺机动性。而且考虑到行政的手续细碎的应对是困难的，景观整备机构作为各城镇建筑师的共同体发挥功能，如果作为固定的机构也许有问题。

文化的景观

与景观法的制定并行，2004 年的通过国会的文物保护法一部分被修订，2005 年 4 月 1 日开始施行。作为新的保护对象是文化的风景。宇治的历史性地区在 2009 年被选定为重要文化的景观，如第一章所述。

所谓文化的景观定义为“由地域中人们的生活或生业及当地风土形成的景观地，为理解国民的生活或生业是不可欠缺的”与景观法的交集有些繁琐。

地域、生活、失业、风土所作为关键词。正如第二章 2 节所讨论的那样，景观的概念很广泛，景观不是眼前已有的自然和人工要素的集合体，是自然和人为相互关系的状态（即文化）已被强调，为此，文化的景观可以说就是历史的景观。

1992 年联合国教科文组织世界遗产委员会，在“为履行世界遗产条约的作业指南”中纳入文化的景观概念，联合国教科文组织所指文化的景观中，庭园等人类在自然中建造的景色，或者像田园、牧场与产业有很深关联的景观。还有，包含自然本体几乎没有人为干预，但人类于其中附加了文化的意义（作为宗教意义的圣地的山等）。

作为文化景观注册的世界文化遗产第 1 号是汤加里罗国家公园（新西兰）。该景区于 1990 年作为自然遗产被注册，作为毛利族（Māori）信仰对象的文化层面被高度评价，1993 年成为复合遗产。日本的纪伊山地的灵场和参诣道（2004 年）以及石见银山遗跡（2007 年），还有富士山（2013 年）也作为文化景观被注册了[18]。

接受这个过程，《文化保护法》也继有形文化财、无形文化财、民俗文化财、纪念物、传统的建造物群之后，迅速把文化的景观作为第 6 个概念纳入进来。

文化物保护法，文化的景观作为“地域中人们生活及生业及当地风土形成的下面提到的景观地中反映日本国民的基础性生活或生业特色的典型或者独特的东西”（选定标准第 1 项），“下一条提到的所谓景观地”“（1）水田、农田等与农耕相关的景观地；（2）草地、牧场等与採草、放牧相关的景观地；（3）木材地、防火林等与森林利用相关的景观地；（4）养殖筏子、海苔养殖等与渔劳相关的景观地；（5）贮水池、水渠、港口等与水利用相关的景观地；（6）矿山、採石场、工厂群等与开采制造等相关的景观地；（7）道路、广场等与流通、往来相关的景观地；（8）篱笆、防风林等与居住相关的景观地（第 2 项）”。

不能什么都归纳到文物保护法中的文化景观里，如第 2 章中所述，本来所有的景观都是文化的景观，不管值得保护与否，景观是我们继承、传给下一代的文化。景观法所指的景观形成地区、景观规划地域也类似，画一条线，就成为新的“风景战争”的火种。

即把文化 / 非文化，好 / 差，美 / 丑的区别，把差异带入了地域。

把文化的景观选定作为目标时，首先遵照景观法制定景观规划，因此，决定景观规划区域以及景观地区中文化的景观是必要的，以及对其文化的景观有必要制定必要的规制。让文化的景观自己去定义，要有这种精神。可以说成是达成共识的问题。

文化的景观制度非常有弹性，可以判断在保护上其缺少必要措施，需遵照条例，制定某种限制。在其条例中，可以考虑遵照景观法的景观条例及其他法律，如基于《文物保护法》《城市规划法》《自然公园法》《城市绿地法》等条例。

把握地域的生业的过去，现在及未来，基于文化的景观制度的规定大有作为，但问题是其内涵。

5/ 社区建筑师制度

我开始思考景观的问题，结合个人的各种经验和经历，如第一章“风景战争”所述，基于各种经历产生了“城镇建筑师”概念。最直接的契机是建筑文化景观问题研究会（1992—1995）。由日本建设省（现今国土交通省）年轻官员（森民夫，现长冈市长等）和建筑师（隈研吾、团纪彦、小嶋一浩、山本理显、元仓真琴等）组成的研究会持续讨论景观问题，其结果提出的就是“城市建筑师”制度。

我没有参与城市建筑师的命名，其主旨是“丰富的街景形成需要建筑师持续参加”。城市建筑师制度的构想，是出于如何形成美丽的街景，建筑行政如何引导景观的形成，为此要建立怎样的机制等问题意识下，在其机制中为暂称城市建筑师的建筑师们参加进行定位。

但是，实际这个构想如何制度化尚有很多问题。与建筑士法规定的资格制度，建筑基准法的建筑规划认定制度，还有地方自治法现行有制度的关系首先成为问题。还牵涉与之关联的各团体的利害关系。新制度的制定，伴随着已有体系的重组，因此往往出现许多冲突。

城市建筑师制的 3 方面要点如下：

①城市建筑师要在包含有自己活动业绩的必要事项的中心（假定的公共机关）注册，中心建立城市建筑师的数据库。

②地方公共团体等寻找在景观形成上、造城上有资格的建筑专家时，中心可以根据需求提供信息。

③城市建筑师所关联的街区建设事业，要与建设省所属的资助事业联手。

在这一构想中，中心是人才派遣组织，有中央单方面介入地方工作的印象。还有城市建筑师制好像给人一种超然“建筑士”的之上制定的新的资格或新的认定制度。那么由谁认定这种资格，由哪个机关来执行，围绕这些问题底下好像有激烈的争议。这一构想还没有拿到桌面上讨论，作为建设省的措施被放弃了[19]。

以建筑文化景观问题研究会的争论为基础，我将自己的构想作为“城镇建筑师论绪论”整理的是《裸建筑师》（2000），从那时起所思考内容已经写入本书，如果总是在理念、概论上徘徊，事情永远不会发展，我和年轻的朋友们开始的是城镇建筑师制的模拟——京都社区设计联盟（京都 CDL，2001—2005）。

为何是城镇建筑师呢？城镇建筑师为何人？城镇建筑师做什么？基于京都CDL的经验，在确认初衷的同时，展望未来的方向。

何为城镇建筑师

所谓城镇建筑师，直译为“街区建筑师”，带有几分语气表达的话，承担街区建设的专家就是城镇建筑师。“从事街区建设的人”就是把与每个街区建设相关的专家们称为城镇建筑师。类似的语言也使用社区建筑师的称谓。可以想象这些直译为“地域社会的建筑师”。从事与支撑城市或地域社会相关的源头技术相关的职能，也有 landscape architect 的称为，译为“造园家”已经固定下来。在这里所讲的城镇建筑师的工作，即造城工作，比它更加广泛。

城镇建筑师或者社区建筑师，在欧美正在完善的概念。遗憾的是目前还没有对应的日语词汇。也有城镇经理、促进者、促成者、协调者等称谓，都是译文。相当于负责建筑整体及地域社会的鸢先生、町内会会长以及町场木工、工匠组合起来的团队也许更容易理解。总之如果临时称谓的城镇建筑师职能固定下来的话，相应名称就应运而生了吧。本书认为使用城镇建筑师比社区建筑师的概念有更广泛的包容性。即城镇建筑师主要是以地域的景观和建筑物规划为职能，而社区建筑师的职能是与整个地域居民的生活相关的。

所谓造城，本来是自治体的工作，所有工作都与造城有关，正像本书中已经考察了种种事例那样，重点关注景观形成的领域，与街区形态相关的城市规划（物理的、规划的）领域。日本的自治体下的造城存在各种各样问题，但最大问题是许多自治体作为街区建设的主体，没有充分发挥其作用。因此没有一种正确把握地域居民意向切实展开造城的机制是致命的。

因此，我认为城镇建筑师应具备下述职能，即在自治体和地域居民的造城中发挥媒介作用。这并不是全新的职能。其主要工作就是咨询师、规划师、建筑师们已经在进行的工作。只是希望城镇建筑师，与其街区有更密切的关系，但是并不一定是其街区的居民，与其街区建设持续的关联是原则。

那么为什么是建筑师呢？有两大理由，一是已经讲过的，上溯建筑师的语源，与街区的根源有关的职能是必要的。其前提一个是之前提及的谁都有可能成为建筑师。另一个是之前提及的，作为街区建设的具体表现，街区的景观是重要的，将复杂的诸条件凝聚成一个空间或形象的卓越能力，以及积累这些技能的是建筑师。

还有一个真实理由存在于既往的建筑师一方。建筑师，其存在的依据只能从地域社会去寻找。从地球环境问题以及少子老龄化社会的视角出发，至少不是日本早期建了拆，拆了建的时代。建筑师的作用，转向了如何管理维护既有街景、建筑，以及如何再利用方面，作为新的领域，有必要开拓造城的工作领域。

当然，不是说所有建筑师都要成为城镇建筑师。做国家级项目、超越国境等工作的建筑师还是有必要的，民间建筑师工作除外。但是，首先应认识到，建筑师的工作原点是城镇建筑师。

西欧古典建筑师的职能，是在业主和施工方(建设业主)之间，其职能基本上是代言业主的利益，医生、律师等一样被看做专家是因为从事的职业与生命，财产有关。其依据是因为在西欧世界是向神告白的，或者是市民社会的伦理。世界上作为最初的建筑师职能团体而设立的是 RIBA（英国皇家建筑师协会），其设立目标是简明易懂的。

（1）致力于市民建筑（civil architecture）的全面发展振兴。

（2）促进与建筑有关的人文科学和自然科学知识的获取。

建筑在提高市民日常生活方便性的同时，为改善和美化城市作出最大贡献。因此，作为文明国度的建筑作为艺术被尊重和奖励。

因此，在解读文明、艺术之前，建筑首先被视为市民建筑，应关注和改善与美化城市相关的事情。城镇建筑师的依据也已经在这里被提示。

日本也有明治以后建筑师的概念被移植，但并没有扎根的历史。而且是否发挥了原本的作用也是疑问。

城镇建筑师的原型

那么，城镇建筑师究竟做什么呢？在造城机制中如何定位？

那么谁营造景观，答案是谁都可以。无数个体行为的累积就构成了地域景观。地域景观是支撑每个个体建筑行为的法规、经济和社会机制的体现，是地域居民集体的历史作品。

每个个体的建筑行为，通过建筑基准法、城市规划法等，依据土地区划（用途地域）规定建筑的高度、容积率、密度等，建筑主管的“确认”是必要的。简单来说，其“确认”是关键。

建筑活动需要一定的规则，法规是其中之一，但《建筑基准法》是以建筑物安全性相关的规定（结构强度、防火性能等）为主，与景观不一定有关系。

遗憾的是，建筑基准法被称为不完备的（漏洞百出）法律，不遵守与建筑行为相关的诸规定（容积率、密度、接路义务等），自治体的建筑指导课，努力取缔违章建筑，尽管如此，世界上像日本这样建筑自由的国度是没有的。就是说只要恪守建筑基准法等法规制度，建什么都是自由的。

尽管各自治体制定景观条例等，但优先私权的法律体系是牢固的，在这个意义上，依据景观法的法的约束力之强大，可以肯定。但是，也许解决问题一步也不能向前迈进。因为关于营造出什么样景观的问题，什么样基准一律事先设定几乎是不可能的。

尽管说红色不行，稻荷神社鸟居的颜色映衬了绿色，尽管说曲线不行，自然界却充满了曲线。即便是同样的街区，旧市区和新开发地区的景观也是不同的，每个地区只要有固有的风貌就好，如果规定了坡屋顶，只要是坡屋顶，无论与周边的景观如何不协调也不得不批准吧。标准、规定就是这样的东西。

乡土的聚落像结晶体一样美丽，是因为使用的建筑材料，构法等有一定的生产体系以及规则。出于产业化理论的普及渗透，使这些体系及规则解体，再构筑出怎样的景观形成体系是一个疑问。所有原点，是否可资每个个体建筑行为营造出各个地区景观也是一个疑问。

夸张地讲，确认每个个体建筑行为，让了解地域的建筑情况最开明的建筑主管对其进行判断、引导不是很好吗，这就是创想城镇建筑师制的初衷。日本全国约有 1800 名建筑主管，以及约 2500 个自治体，各配一名城镇建筑师，负责景观的营造。

设计评审制度

然而，建筑主管即便有依照法律的处理能力，但是实在没有指导设计的能力。那么委托在这方面有品位的专家或团队发挥这方面作用不就行了，如果是大城市，一个人是根本不行的，从1万人到数万人的社区建筑师引导每个地区的景观，原来各自治体设立的景观审议会，应发挥其作用，把景观顾问制度、咨询派遣制度、景观巡视制度等实质化即可。

城镇建筑师的首要作用，是每个对建筑行为进行正确引导。为此，要把握所担当的町、地区的景观特性，持续地进行记录。还有，要公开景观行政的相关信息。推选公共建筑的设计者时，要组织工作坊等各种公开的活动。有时，对个别的项目作为主任建筑师，进行设计和协调。《裸建筑师——城镇建筑师论绪论》中大胆描述了城镇建筑师的形象和工作的设想。问题是城镇建筑师的权限、任期、报酬等如何得到保障。

公开发表城镇建筑师制度的创想是在2000年。后来才知道非常相似的创想制度于1999年曾在英国发起，称为建筑环境委员会（CABE）[20]。是文化体育、媒体省（DCMS）和地域社会、地方自治体（DCLG）支撑的法定行政机关。

CABE提倡建筑环境的设计、运营、维持管理的质量改善，开展研究、教育、启蒙、出版等丰富多彩的活动，活动的中心是设计评审。提出对地域来说重要的项目，其设计规划方案由CABE的设计评审委员会作为第三者进行评价，为改善建言献策。

设计评审委员会约由30人组成，结合项目可召集数人。评审的候补来自CABE列出的地域担当职员名单或由地方自治体推荐等各种渠道，首先，由职员进行现地调查和准备对事业者进行访谈的资料。设计评审是通过图纸和模型以及幻灯演示进行。CABE与本书思考的城镇建筑师制几乎同出一辙。

CABE 那样的机关如果在日本成立的话，就可以针对为2020 年东京奥运会，新国立运动场及其他设施的设计进行广泛的讨论，就设计而言，彼此的深度是不同的。CABE 的设计评审上，日本国交省在“形成良好景观的建筑方法研讨委会”（山本理显会长）上花费 31 年的时间讨论，有具体化的意义和价值。对我来说，这是过去的城市建筑师制度的复苏，东日本大地震后，其机制十分必要，尽管如此，那以后来却无声无息了。

京都社区设计联盟活动

但是不管有没有制度，景观形成是每天个体行为的积累，人人可以是建筑师，有可以做的事情。

京都社区设计联盟（CDL）的 6 年间（2001—2006）的试行有很大的参考价值。其活动全部记录在京都 CDL 机关报纸《京都基因》第 1 期（2001 年 10 月）至第 6 期（2006 年 5 月）上（图 72）。

京都 CDL 提倡的口号归纳如下：

京都 CDL 是以在京都学习的学生们为中心组成的团队。

京都 CDL 是协助京都造城的团队。

京都 CDL 从各个角度调查和记录京都的街区。

京都 CDL 对身边的环境进行诊断，提出具体建议。

京都 CDL 的内容和成果（比赛结果）以文章（网页、杂志）的形式广泛公开。

京都 CDL 是持续进行训练（调查，分析）实战（提建议，方案竞赛）的团队。

京都 CDL 是深入街区，与街区共生，建设丰富的街区生活

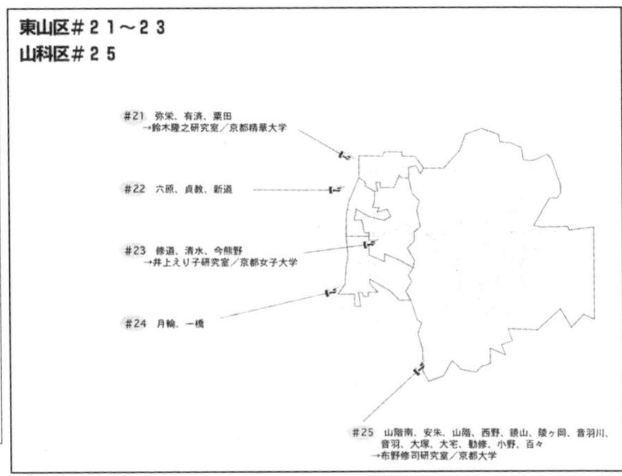

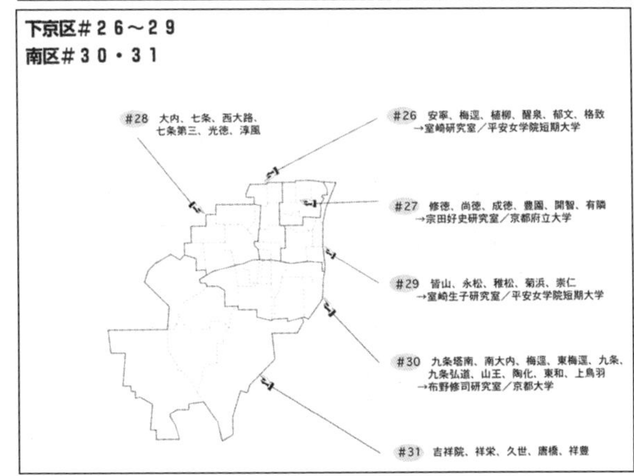

图 72 京都 CDL 地区区划

的团队。

京都 CDL 最初是从 14 个大学，24 个团队开始的，各团队由代表（监督）以及干事和运动员组成。主要以棒球、橄榄球、足球、美式橄榄球联盟作为组织的模式。监督和干事组成运营委员会和事务局进行运营，总负责人为广原盛明，运营委员长为渡边菊真，事务局长为布野修司，以这样一个阵容开始的。

京都市市域（上、中、下京区等 11 区）分为 42 个地区，各团队负责大学周围和另 1 个地区，或者中心部 1 个地区和周边部 1 个地区的两个地区。作为基础的是原学区，是人口普查的统计区，约 200 学区，以平均每 4 个统计区为一个单位进行划分（图 72）。

把“学生”替换为谁都可以成为的“建筑师 =architect”的话，照搬城镇建筑师的理念。最初具体活动如下：

各团队每年要走访各自负责的地区并进行记录。每年春夏集中 2 次，进行汇报。基本工作只有这些，具体如下：

（1）建立地区档案：对负责的地区 1 年 1 次进行调查、记录，使用统一的文本格式。例如，在 1/2500 的白地图上标记建筑的类型、结构、层数、其他等，进行照片拍摄。并且把地区的问题归纳在一张纸上。这个数据通过使用地理信息系统 CIS 等，让各团队共享。并通过互联网向市民公开。

（2）地区诊断及提出建议：在 A 的工作基础上，各团队归纳各地区的诊断和建议。

（3）召开报告会，研讨会：每年 2 次（4 月，10 月），集中讨论（4 月发表建议；10 月汇总调研分析报告）。

（4）以一天急行军方式实施京都断面的调查：每年 1 天全团队集中行走京都横断面，进行讨论。第一年从八坂神社到松尾大社行走四条街；2002 年从下鸭神社经过鸭川行走到桂川的汇合点；2003 年，从平安京的东北端接力式行走到西南端；2004 年，再次纵向地从古时的朱雀大路以北行走到了以南；2005 年，在洛中的周围兜了一圈。

（5）造城实践：在各个关系性中展开具体的提案和实践活动。

（6）进行地区录像比赛。加上这个内容，年轻一代用影像表现方法容易理解，然后作为记录活动的媒体内部杂志。

（7）创刊了《京都基因》（图 73）。

归根结底不过是个模拟，但通过这些活动可以感受到对城镇建筑师的有效性的最好回应。京都有 11 个区，如果各区都配备城镇建筑师，就可以尝试创想相当细微的景观。

图 73 京都 CDL 机关报《京都基因》

城镇建筑师，在自治体和地域居民造城中具有媒介作用，而且造城与居住于此的人们的生活息息相关。城镇建筑师的工作，限定于景观问题和城市规划问题，不是封闭的，景观问题是地域生活环境的整体问题，是本书反复提及的地方，总括城镇建筑师的工作是社区建筑师的工作。

近江环人（社区建筑师）

京都 CDL 的活动，活动基金是个大问题，在自治体的机制中定位很不顺利，严重受挫，我于 2005 年将据点转移到彦根（滋贺县），在新的职场滋贺县立大学继续摸索日本的城镇建筑师的存在方式。其中，同新的伙伴一起开设了“近江环人（社区建筑师）地域再生讲座”的教育课程（内阁府“为地域再生培养人才课程”）。

这个课程将“承担从地域诊断到造城的人才”称为“城镇建筑师”，模仿“近江商人”称“近江环人”，“环”是环境的“环”、网络的“环”，社区建筑师一词立即被大学的校规所采用让我很吃惊，这说明社区建筑师存在的必要性有着广泛共识的基础。

地域有地域的课题，少子老龄化社会的到来，今后日本的人口会继续减少，据说目前全国只有滋贺县是在增加。可以预测通勤者会向京坂神流入。但是，那是以县南的县厅所在地大津为中心的地域。在县北人口减少在持续，“极限聚落”也不少，是滋贺县的“南北问题”。嘉田由纪子前知事认为新干线车站（栗东站）的新设是“浪费”，之所以被当选是由于开发扩大成长路线上有着无奈的现实问题。

滋贺县有琵琶湖，是世界上有数的古代湖之一，珍贵的生物生息至今，但是其中很多被指定为濒临灭绝的种类，环境问题是近江（滋贺）的一大课题。还有琵琶湖是近畿的水源，也是淀川水系的治水、利水问题的要冲，县内还有水库问题。

滋贺县立大学在开设研究生教育课程“近江环人（社区建筑师）地域再生讲座”之前，在“扎根地域，向地域学习”口号下，学生通过致力于地域活动的“学生农场近江节目”课程（文部省的“现代教育需求支援项目”）参与地域的各种社会课题。

校园本身首先是田野。作为节省资源，节省能源，自然共生（生态池），地产地消等环境负荷的减少，实现循环型社会的实践基地，有木工作业所“木莲”，将古民居的仓库移建进行再利用的生态住宅。还有，近江八幡的NPO法人生态村联网，以及株式会社地球之芽建造的小舟木生态村，“湖国菜之花生态项目”追求保护环境的生物柴油燃料的可能性，这些学生们也参加。还有把仓库改为学生们的合租房的“丰乡改藏项目”。

这样列举下来，各个地域都有许多社区建筑师的课题，固有的课题用固有的方法去解决是社区建筑师的本事，而且这些地域再生的尝试，在日本全国有多种展开，多数的社区建筑师已经很活跃了。

从细节做起

在确认城镇建筑师的工作是向社区建筑师的工作拓展，或者包含之的基础上，景观如何去搞？从哪开始着手为好？想就这些问题进行讨论。

关于景观的法律框架，通过《景观法》做了一定的准备，但并不是遵照这个框架就可以了，首先，法律里并不写“请这样做”，只写“要做的话是这样”“这个可以做”。

《景观法》承认街区建设协议会，景观整备机构等组织设置。可以活用这些组织，但谁去做如何做、开始做什么要委托自治体和地域居民。如上所述，作为行政主导程序设定的首先是自治体作为景观行政团体，可以编制景观规划，在此基础上确定景观地区、准景观地区、景观协议等。

关于行政主导的景观规划，也已经有许多操作指南，许多自治体作为景观行政团体广泛宣传。要求各个自治体独自的管理进行竞争。但是讨论成果还要花费一点时间。因为景观规划至少是百年大计。

但是通过整体上是自上而下地控制，制定导则、指南等，并不一定日本的景观“会变好”（改变）。问题是要通过达成共识去解决，各种实例已表明。这种状况在《景观法》实施以后也不会改变。具有法律约束力的景观规划成立与否是关键，由外界强加的限制私权的规则谈何容易。

要是等“风景战争”发生了就为时过晚了。因此，考虑日常地域事情的城镇建筑师的存在是必要的。只是报告书、指南、提案写得再好也无济于事。回到人人可以成为建筑师的原点来考虑，景观形成的主体自不用说，是市民，是居民。行政以及城镇建筑师的作用很大，但居民参加是不可缺少的，只有居民才是主体，应该取得主导权。

一般作为市民参与型的景观营造组织体，造城协议会那样的体系是必要的，不仅是景观问题，今后要搞活街区如何去做，在反复讨论的基础上进行造城。造城协议会的形态就会变得丰富多样。其形态的特色是创出地域固有景观的决定因素。重要的是体系的透明度、公开性，将决定的过程公开，日常的检查才成为可能，不管组成怎样的机制，经过具有公开性的反复试错过程才会有多样的机制。

出发点是从身边的事情，小事情，细节做起。

例如，认为“街景景观的自动贩卖机，空调的室外机，招牌不尽如人意”，不管多么小的智慧，开诚布公地提出创想和建议。居民所能解决的还是身边的问题。能做的，也许是自家门前的清扫，也许是打理花坛，也就是说从自己可以做的身边的事情开始就是出发点。依据《景观法》的景观规划，各个城市展开各种各样的小事情游击战为好。

最近，我在思考伊斯兰城市，实际上对伊斯兰圈的若干城市进行过现场调研，写下了《莫卧儿城市——伊斯兰城市的空间变化》（布野修司，山根周，2008）一书。城市规划、景观规划的模式不仅是欧洲的独创，也要向阿拉伯伊斯兰城市学习，一言以蔽之，即“从细节开始”的原理。与事前编制整体规划（总规）的城市规划的传统所不同的做法存在于伊斯兰。《莫卧儿城市》已有详细的阐述，简略归纳两个要点。

一是完成了有着详细邻里关系制约的相互交织的街道。伊斯兰特别关注的是身边的居住地、街区的存在方式。道路的幅宽是骆驼可以通过的范围，因为人要骑在骆驼上，马路不得少于几米以下等，这种非常有细节的伊斯兰法律（Shari' a）有各种范例，日本当然也有民法以及建筑基准法的规定，但伊斯兰的法律更细化。不是类似白纸上画线的规定，不是自上而下的控制，而是积累身边的规则摸索造城模式。邻里关系应有的状态是关键。

二是称为 Wakfu 的捐赠制度，伊斯兰中有自己得到的财富要还原（布施）给街道的教义，清真寺、神学院等主要城市设施，一般依靠 Wakfu 财富进行建设是普遍做法。

这不是特殊的做法，日本也有向寺院佛阁布施的机制，造城传统这种制度是不可欠缺的。

讨论积累得再多，没有资金来源到某一个阶段就无法继续下去，什么都是一样，无论如何财政的保证是必要的。这是自治体的财源、财政问题，地方的财政是有限的。在这种情况下，是否可以考虑类似景观基金制度那样的机制，出于这个考虑我写了《裸建筑师》一书，提倡“不要破坏景观！反对建造公寓！”但没有领先的实例，讨论景观问题又拿不出钱，因此这种状况总是没有动作。只是依靠补助金、他人的垫付是消极的。

即使出台了景观基金制度，如果覆盖整个街区，效果也不会好。应聚焦目标，展开战略对策，决定优先顺序让基金周转起来，如果各城市建立这个机制就好了。根据情况，国际托拉斯的形式也许是必要的，在这里提倡多渠道集资的方法，还有少量资金如何有效使用也需要创意。

用金钱来结束本章并不是本意，想说的是“依靠景观生存”的世界，远比出售“景观”的世界更丰富、更健康吧。

Landscape Creation

终章 风景创生

值班小屋 · 会所 · 大家的家
战后的原风景
自然的力量 · 地域的力量
复兴规划的风景蓝图
复兴规划的基本方针
地域再生
作为“图底”的住宅：基于地域生态系统的居住体系
福岛（FUKUSHIMA）的风景

终章　风景创生

本书就有关景观争论的本质，以及形成美丽景观的做法进行了思考。在此，再回到本书开头提出的东日本大地震后东北地方的风景和复兴计划的话题。受灾地区创生什么样的风景是本书主题相关的问题。

大地震，暴露出它所袭击的社会、地域赖以生存的基础（基础设施，社会经济政治文化的结构）。东日本大地震后的能源、资源、人才不足之影响遍及整个日本列岛，同时也让人们清楚地意识到过去日本是如何依赖东北地区的。

而且东北地区已经呈现出日本进入少子老龄化地域社会的特征。由于东日本大地震丧失的人口，之前的人口预测中假定的2050年的状态一下子成为现实，复旧复兴支援是整个日本的问题，思考东北各地的复兴，就是思考日本各地的地域社会的创生。

值班小屋・会所・大家的家

2011年3月11日14点46分，碰巧在彦根的家里观看国会的转播。突然国会会场在摇晃，人们喧哗起来，不一会彦根也开始摇晃，紧接着电台开始播放仙台若林区遭遇海啸的影像，于是画面就定格在那里了。面对还没有意识到海啸席卷而来的车辆，人们屏住了呼吸。

当时历历在目的是2004年12月26日，在斯里兰卡的加勒（Galle）古城遭遇印度洋的大海啸，险些丧命的情景。醒悟过来时，大巴、机动车以及船全都倒了。我身边的死者达500多人，我现在还保留着当时情不自禁写下的感文[1]。

瞬间不知道所招致的命数，啊，大海啸只有上帝知道
从倒下的车里救出的幼儿，不知道生还、姓名以及住所
并没有海浪袭来带来的人们的惊呼声，在这个晴空中
在城墙内的人群如织，望着大海像冰一样缄默无语
坐在路边的母子眼中只有彷徨和颤抖
醒悟过来发现昨天拍摄的桥不见了，被海啸所吞没无影无踪
定睛一看板球场飘着船，围墙破损，汽车同归于尽
人们惊呼着快逃，没有意识到后面的浪潮再次卷土重来
登上运河的海啸就像猛蛇捕捉猎物般迅猛
大车前后反复翻滚着冲走的都是金属碎片
大海啸将汽车推到冲垮的大楼前才停息下来

东日本大地震就像是噩梦重现。

震灾两天后，我与京都大学布野研究室出身，居住在仙台宫城大学的竹内泰副教授取得了联系，通过电子邮件以及社交媒体，竹内泰每天的报告如期而至，而且按照城市类别、建筑类别、地区类别非常清楚地让我了解了受灾状况。实际上我与竹内泰相识在 2009 年 9 月的西苏门答腊地震，受联合国雅加达事务所及东京文物研究所的邀请，一起参加了受灾地区的调查，整理了调查报告书[2]，并就复兴计划进行了反复讨论。

面对这前所未有的事态我们能做点什么呢？在不断收到报告的同时谁都在思考。后来决定在某处设置一个实体的支援场所。

竹内泰首先想到要支援的是南三陆町的志津川地区。那里是

竹内泰研究室的工藤茂树君的老家，是个渔乡。当地人认为，要复兴志津川地区，首先要尽早复兴渔港。为此，即便临建也行，希望有一个渔民们集合的值班小屋。

“生活的复兴和产业的复兴是同时的。不仅是临时住宅，临时产业设施也是必要的”在这一口号下“值班小屋项目”开始了。立即响应的是东京理科大学的宇野求教授和以滋贺县立大学为首的许多大学生们。千叶大学的安藤正雄（现东京大学特聘教授）和我赶到持续了 1/4 世纪的“木匠私塾”据点，向加子母（中津川市）求助，希望提供资材。中岛工务店的中岛纪于社长很爽快地答应了，利用 5 月份的长假，学生们赶到这里，首先完成了现场装配（图 74）。

竹内泰的团队，继续在东松岛、气仙沼市唐桑等地建设了与渔业相关的值班小屋。滋贺县立大学的学生们在响应其活动的同时，独自发起“木兴项目”，与 NPO 法人环人网（社区建筑师网）联手建造了南三陆町天浦的值班小屋。滋贺县立大学的陶器浩一教授，永井拓生副教授的团队也立即行动。因与建筑师在工作上的交往很深，气仙沼市本吉町大谷的高桥工业的高桥和也先生得

图 74 值班小屋 左图：南三陆町，志津川；右图：南三陆町，田之浦

到他们的支援，首先做出的回应是需要集合场所而建设的“竹会所”。之后，其支援活动也被“滨会所”所继承（图 75）。

这样看来，东日本大地震灾害后迅速组织起来进行复建复兴活动的建筑师并不少。伊东丰雄、山本理显、妹岛和世等国际知名的建筑师建造的“大家的家”（仙台市宫城野区、釜石、东松岛、陆前高田、岩沼等）就是其代表。

海啸瞬间将一切付之东流，并夺取了 2 万人的生命。既没有居住的地方，也没有集合的地方。首要目标是建造集合的场所——值班小屋、会所、大家的家作为复旧复建的据点。

战后的原风景

立足于二战后的出发点，日本的大城市，东京、大阪以及广岛、长崎曾是战后的废墟，日本是从焦土和废墟上开始崛起的。但是东日本大地震，特别是千年一遇的大海啸把日本战后的足迹瞬间清洗干净。东北沿海部的荒漠风景，看上去就像将日本原风景剥

图 75 滨会所 （气仙沼市本吉町大谷）

离出来那样，好坏且勿论，可以说把日本的风景拉回到原初状态。

也许看上去貌似从零出发的，但事实果真如此吗?

二战后，日本列岛的景观，正像本书所叙述的那样（第三章1节），从第3景观层向第4景观层变化，但在其出发点上出现的是混沌的风景，二战后不久，日本的大城市，如东京被棚户区覆盖，人们居住在以防空洞为主的各个地方，到处摆摊经商，开黑市（图76）。

图 76 二战后遍布棚户区的东京（1945 年 9 月，照片提供：Everett Collection）

值班小屋、会所、大家的家体现了多样性，与二战后不久，各地以各自的创意和智慧建造的无数临时居所群非常相似。而东日本大地震后，城市整体失去活力，没有一点生气。

当然制度上的束缚也是原因之一，即便建一所小房子，也要履行建筑许可申请的繁杂手续，就是临时建筑得到确认的答复也需要很长时间。若干个值班小屋因成为复兴规划的障碍而不得不移动，其中也有被拆除的。

遇到特大灾害时，按照《建筑基准法》，为防止无序的街区建设最多有 2 个月的时间限制（第 84 条）。有建筑主任的督导，都道府县等主导，期间自治体编制复兴规划是其目标。但是 2 个月的时间实在是太短了。即使规划编制好再到实施为止还需要很长时间，由于东日本大地震受灾严重，相比之下 2 个月太短，在特例法上规定了最多 8 个月，总之，千年之计的规划短时间内是不可能完成的。

在特大灾害后，在应急临时住宅的提供，及临时住宅区的规划上，入住者的选定是随机的，地域社会被分割，集会所、店铺等日常生活所必要的设施还没有建设等各种问题被提出。成为第一个障碍的是为防止无序的街区建设的建筑规范。荒漠般的受灾区，从一开始就在防止大灾害的巨大墙体与建筑规范的巨大屏障之间展开了。

为了将阪神、淡路大地震的经验用于城市、聚落的防灾、减灾以及复兴之中，1999 年组建的临时市区研究会[3]，一直主张在灾害发生后应立即建设临时市区。大城市也好，地方城市也好，遭受灾害时，尽可能在原有场所或其附近建设作为复兴基地的、“临时社区（临时市区）”进行复兴工作。临时住宅不只是解决食宿问题就可以了。在得到复兴之前互相扶助进行生活，同时要对复兴思路进行协商，这些都是合理的诉求。

但是，东日本大地震的受灾区，不能像二战后用无数的临建小屋来填埋焦土废墟。因为国家建立了建筑规范这一强大的障壁。不仅如此，关于如何复兴，在受灾者之间也没有确切的视角和方向性。然而，在此之前街区本身能否生存下来不一定都能预测的。

焦土废墟被贫民窟所覆盖，成为“人间部落”，战争灾害对建筑师和城市规划师来说是实现近代城市规划的绝好时机，同时也是不安的火种。但在化为焦土的白纸上描绘（建设）近代建筑、近代城市规划的理想是明确的，不用顾忌过去，朝着目标一步一个脚印地去实现即可。

“要应对大海啸，就要建设大的防波堤”“有必要向高处转移”复兴计划的指针最初就被这些粗暴之至的口号所绑架。这个指针的最大问题在于是不是共有的。“哪怕海啸再次袭来，也要死在自己的土地上”，有突破建筑规范进行住宅复建的老夫妇。复兴规划如何回应这类愿望呢?

在本书思考的基础上再次提出问题。果真是从零开始吗? 还是回到二战后不久的出发点上? 以及只要再现二战后日本走过的道路就好?

有必要回顾一下日本东北地区在建设近代日本中发挥了怎样的作用，我要强调的是，在东日本大地震之前，东北地方预测了少子老龄化的问题、产业结构的问题、能源的问题等关于日本社会发展的不远的未来。

反复强调的是，由于东日本大地震丧失了大量宝贵生命，东北地方人口一下子穿越到了 20 世纪的中叶。东北再生的视角不应与二战后不久的复兴视角是相同的。

更何况有“福岛”（图 77）。

应指向的目标是没有核电站的日本第 6 景观层。

自然的力量・地域的力量

1995 年袭击近畿圈的阪神淡路町大地震的第一教训，是自然的力量，即地域的生态平衡的重要性，以下是我在阪神、淡路大地震后撰写的考察报告的一部分，“社区规划的可能性——阪神、淡路大地震的教训”（布野修司，2000）。

“几个大楼坍塌了，高速公路扭曲了。地震的力量是强大的。此外，经历了避难所的生活，其不自由程度告知我们依靠自然的生活基础是如此的重要。扭开自来水龙头水就流出来，摁下开关电灯就亮了，空调设备可以自由地控制室内温度，人工控制的所有环境的不逊，在灾害发生时告诫我们自然的力量被误读了，挖山造地，在湿地上填土作为宅基地，还有以填海的形式进行城市开发，这样造成的宅基地本来并非人类居住的场所。由于惧怕灾害人们不来这些场所居住。人们忘记了其历史的智慧，一味地只是开发过来。”

东日本大地震的情况不得不再次让人领悟同样的教训。不，同样是不行的。自然和人类的根源的关系，就地球环境而言要有更深刻的洞察。究其必要性是眼前的“福岛”的风景。

阪神淡路大地震的第二个教训是“地区的自立性”不可缺少。此外志愿者的作用也很重要。以下再次引用同一本书的内容。

“我只是呆然地望着自己家的房子在眼前燃烧，束手无策，怎么看都很奇怪。……防火也好，救援生命也好，真正发挥职能

图 77 发生核泄漏的福岛第一核电力发电所 4 号机（2011 年 3月 15 日，照片提供：TEpco/Gamma）

的是社区工作很扎实的地区。……自治体职员也是受灾者。显而易见只依赖行政的体制是不能有效发挥职能的。问题是自治体的机制，地区的自立性。”

与地区的自立性一起支撑它的网络也是不可欠缺的。阪神淡路大地震志愿者的活动极大地支援了复建复兴。1995 年被称为志愿者的元年。成为 NPO（特定非盈利活动法人）制度化[4]的最大契机的也是阪神淡路大地震的复兴支援活动。

东日本大地震，以首长为首，自治体职员相当多的人牺牲了的情况也有。“地区的自立性”被提出之前，地区立足的基础被海啸淹没的地方也不少，即有不少地域社会的成员丧失生命的情况，其本身也证明了海啸具有难以想象的巨大威力。

即使这样，救助生命，撤去瓦片，运送物资等，灾后立即支援受灾区的还是地域的社区组织。还有地域建设业等支援当地的产业组织，以及来自及全国各地伸出援手的志愿者支撑复建也是同样的。值班小屋、会所、大家的家的建设支援也是其中一环。

复兴计规划的风景蓝图

那么在确认上述情况的基础上，东日本大地震以后的日本，拿出了什么样的复兴规划，即创造怎样的国土风景发人深省。

全面的复兴规划的主题，目的是防灾、国土的强韧化。由于经历了空前的大地震，安全、安心的造城规划不仅是受灾区也应该是全国的重大课题。

实现国土的韧性的方向，第一是加强应对灾害时坚固的基础设施的整备。在东日本大地震中，国土交通省东北地方整备局所谓“开启特殊通道”[5]的灾害援助，复建取得极大成果评价很高。阪神淡路大地震时，铁道、高速公路、新干线等交通基础设施仅有间距 1km 宽，没有只允许东西向走的迂回道路，作为问题点提出，以此勾勒出“多级分散结构”（替代体系，重层体系）的必要性，是阪神淡路大地震收获的第 3 个教训。

这个层面的国土强韧化是国土基本结构的强化，是为克服过度集中网络的弱点的课题。就能源供给单位、体系而言，多核分散型网络和地区自立性是必要的。瓦斯、柴油、电气的并用，水井的分散布置等，此外信息体系也需要多样、多重的网络。

东日本大地震暴露出来的问题，即能源供给也好，产业选址也好，都源于东京过度集中的网络体系的建立。向东京圈供给电力的福岛核发电站就是其象征。

韧性是 resilient 的译词[6]，resilient 一般译为复原力、恢复力、弹力等，近年来“不畏惧困难，弹性应对延长生命的力量”也作为心理学意义上的词汇使用。在日本的国土规划上韧性成为关键词。

但是，不知为什么在这里 resilient 译成韧性化，成为包含了另外一层涵义的复兴规划的指针。其直接的表现是巨大防波堤的建设，向高处转移。三陆海岸在明治以后，经历了 3 次大海啸。因此，研究了相应的对策。实际上，防波堤的建设投入了巨额的税金，防灾训练也搞了，尽管如此还是发生了惨烈的灾害。究竟是哪里出了问题，对此，没有深入的洞察就不可能有复兴规划，简单地采取重复同以往一样的处理对策，不得不说实在是粗糙的。

在日本列岛的太平洋沿岸全部建造巨大的防波堤是不现实的，同样，预测有海啸危险的区域全部作为居住限制地区，一律搬迁到高处也是不现实的。

不仅如此，地震过后立即出台复兴规划的蓝图是与防波堤一起，城市整体、地区整体的地基面抬高的立体街区方案。

实际上看一下编制的复兴方案，果然，虽然不是立体街区一边倒的方案，但是几乎都是防波堤和向高处搬迁，而且是在抬高地基的前提下。复兴规划的概念模式，例如，岩手县地方有回避型（营造住宅用地，高处搬迁）、分散型（防灾设施的分散布置，抬高地基，高处搬迁组合）、抑制型（防波堤的建设，铁道，高速公路，抬高地基等多重防御）3 种。都是基于如何对应海啸能量的观点下的分类，还有对宫城县，三陆地域、石卷 · 女川地域、仙台湾南部地域分开考虑，高处搬迁、多重防御、职住分离 3 个对策是其基本方针。

但是，不管多么强大的自然灾害，“不能丧失生命”是铁的法则。老年人、残障人、包括避难需要帮助的人，能逃生无疑是制定复兴规划的第一原理，为了千年一遇的海啸也好、其他也好，从工学角度压制住海啸是错误的。显而易见通过防波堤建设等人工手段达到 100% 的安全是不可能的。地球的力量、宇宙的力量远比人的力量强大得多。

因滋贺县立大学的团队参加了支援，建设有“竹会所”“滨会所”的气仙沼市本吉町大谷地区，同样也因与高桥工业的高桥和也有工作缘分，而加入的支援建筑师。日建设计的羽鸟达也等团队（日建设计志愿部）做的工作是叠加了过去海啸的履历，标出有水淹危险的地区，并与居民们一起制作了一张标有向安全地方转移所需时间的地图。称之为“逃生地图”（避难地形时间图），都是复兴规划前应做的前期工作（图 78）。

制作这幅“逃生地图”的工作坊，是从防灾角度重新思考地域环境的机会，非常重要，而且是为制定所有规划方案的强有力武器。还实际开发了避难模拟软件，作为导航、地理信息系统开始应用。为制定防灾规划，不仅受灾地区而且在各地加以普及。

以羽鸟达也团队关于大谷地区的复兴规划的个案研究为例，捷径整备方案需要 3500 万日元，3~6 个月；支路的整备方案需要 750 亿日元，2~3 年；避难塔方案需要 13 亿日元，3~5 年；丘陵方案需要 35 亿日元，3~5 年。作为这些组合方案之一被提示，总之都可以避难，以不丧生为前提，其投入产出较之防波堤建设效果好得多，但是现实中防波堤在建设（图 79），不接受防波

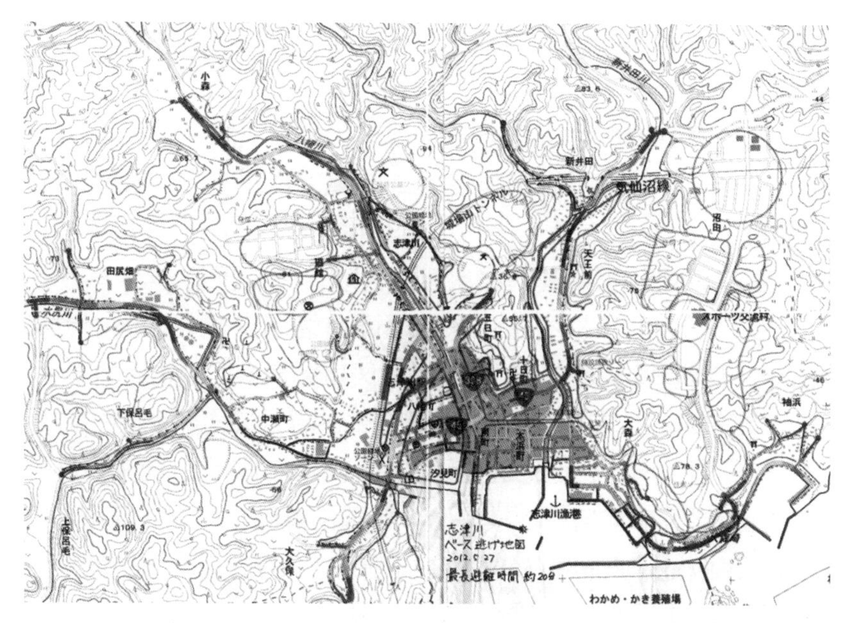

图 78 逃生地图（气仙沼本吉町大谷，制作：羽鸟达也）

图 79 灾后在建现场　左图：震灾遗构（女川町）；右图：填土垫高施工现状（陆前高田，照片提供：竹内泰）

堤的建设，就不能进行渔港复兴事业，据说这是国家和县政府的方针。

现在有必要冷静思考一下东日本大地震的复兴规划的目标是什么，这个复兴规划的概念模式，真的能形成日本景观的新层面吗?

在前章划分了景观的层次，我喜欢 3~5 层面的连续景观规划。复兴规划的目标不是封杀自然而是增添自然。在这个意义上，与日本造园学会的《复兴规划的风景愿景》（日本造园学会，2012）有共鸣。能易懂地传达生存、救助的绿地，紧急避难区的“高度”的风景，海啸的记忆的传承、受灾农田的转用、防灾设施的景观化等建议非常自然地被提出。其理论基础是伊恩·麦克哈格（Ian Lennox McHarg，1902—2001）[7] 的生态规划方法。他的主要著作《设计结合自然》是其出发点。

复兴规划的基本方针

基于本书论述的宗旨，有关复兴规划的基本方针包括如下 7 个方面[8]:

（1）以社区为主体的复兴规划。

地域的造城的主体是社区（地域社会）。安心、安全的造城的基础在于社区。在灾害发生后第一时间内，紧急事态处理的首要基础是各个地区间相互帮扶的活动。因此，制订复兴规划的实施方案，地域街区建设机制的再生，能够可持续是基本，内外的各种支援机构、团体、志愿者等有机的协作是必要的。但是国家以及各种支援机构，不一定可以适应不同社区的具体情况，可作为复兴事业主体的首先是自治体以及构成它的社区。

（2）通过居民参加达成共识。

复兴规划的关键是地域要达成共识。因此，在复兴规划的编制、实施上居民参加的环节是不可或缺的。复兴的所有规划中居民需求的归纳是必要的，为地域社会的安全、安心，每个人应该发挥的作用如果不能共享，达成共识是困难的。国家、自治体在规划上朝着达成共识的目标实施弹性地应对很有必要，另一方面，社区也为达成共识发挥作用。

（3）小规模的项目。

为了复兴规划需要宏观视野。与庞大而宏观视野、大规模的项目不同。在复兴规划和实施上以地区居民的参加为前提达成共识，以及实现近身的范围内详细的复兴措施和居民环境改善的目标，为此小规模项目的叠加是必要的。当然其前提是扎实的理念及中长期的愿景。

（4）分阶段切入。

日常的生活，每日的复兴，即一步一个脚印地深入。依靠自己的力量建设临时住宅、产业据点、临时市区是立即要采取的行动，只要允许即可。受灾地区，以各种形式在进行复兴，如果都按照分阶段指导各项行动，在一定的规则下进行诱导是最理想的。

（5）维持地区的多样性。

地域有地域的历史，而且即便是同一个地域不同地区都有自己的历史、个性。地域依据所居住居民的生活情况具有一定的形式。复兴规划，要尊重地域以及地区的历史文化的固有性，采用包容多样性的方法实施。即如果整个受灾区或整个市区都采取雷同做法是难以适应的。可依据的是地域的自然生态系统，在其基础上建造社会、经济、文化、历史的复合体。

（6）街景景观的再生——城市的历史及其记忆的重要性。

为维持地区的固有性，历史文化遗产是重要的线索，城市是经过长久时间打磨而形成的，而且对居民一生来说町的氛围及景观是珍贵的共有财产，因此希望珍重人们的记忆来进行再生。

（7）建立社区建筑师制度。

为复兴地区规划，要倾听地域居民的心声，需要收集各种建议的主管者，以及与自治体和社区联系的支援者。在灾区不断展开各种支援活动，实现在各地区配置担负着这些活动的人才的机制构筑。

本书思考了作为景观形成的主体，作为协调员的社区建筑师的相关问题，在这里发挥更具包容性的作用（图 80）。

地域再生

再生、创生什么样的街景——这是复兴规划上最终要回答的核心问题。而且这个问题，不只限于受灾区，是整个日本地域再生的问题。

巨大灾害暴露了人们从赖以生存的地域的基础，包括水、食品、能源（电气，煤气等）、通讯手段、移动手段等，支援地域的所有系统的功能都接受了检验。因此必要的是应变能力。

但是，灾害过后半年到 1 年的短时间内编制的各自治体的复兴规划，总体来看并没有形成具有应变能力的规划，许多复兴规划都是以基础设施（防波堤，高处转移）、公共设施（海啸避难大楼）等物理的再建为中心，构筑地域社会在未来持续下去的机制并没有引起关注。

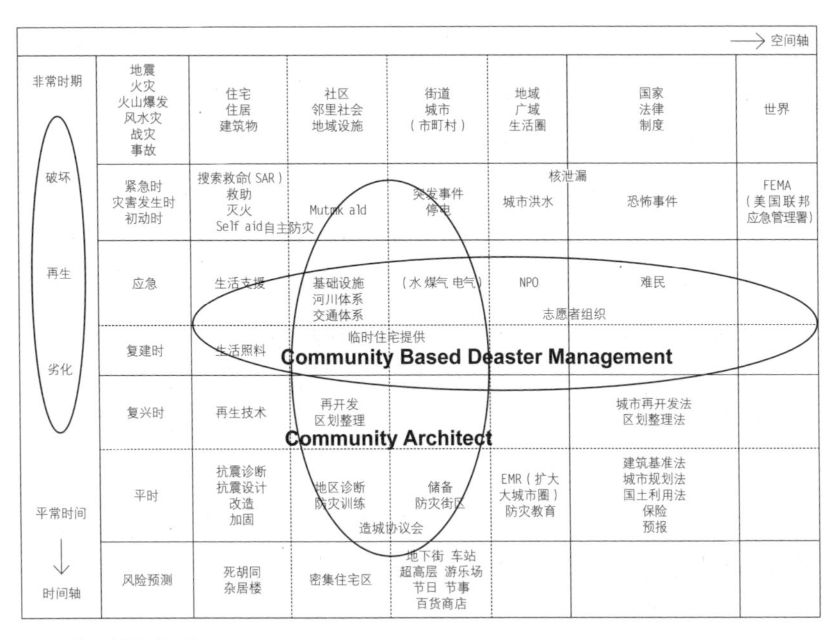

图 80 社区建筑师的工作

这些复兴规划是传统型的规划，没有摆脱白纸绘图的总图主义。比起总图应该说视野更为重要。如果只是画图，画饼充饥就结束了。朝着目标把可以做的事情罗列出来，反复修改、动态的规划（活的规划）的思想和理念是必要的。也许把传统型称为扩大成长型更合适。在完成了成长期后，并没有预测少子老龄化的地域社会的到来，形成未来的规划。

这是视野本身的问题。也可以说成是视野分裂。复兴规划和受灾地区的现状之间差别太大。基于各自治体、各地域、各地区的历史和现实，朝着脚踏实地的复兴的过程并没有提示。产业复兴、生活再建是第一位的，不用说产业基础的再建，医疗、福利等居民服务体系的再构筑是受灾区的日常生活中最大的课题。但是关于地区的未来如果没有建立牢固的视野，没有被共有，就不会有地区的再生。支撑地域社会的自立机制的构筑极为重要。首先是视野应该共有吧，复兴事业下的复兴“特需”对地域再生来说是必要的，但“特需”之后没有考量。即便在少子老龄化和人口持续减少的税收收紧时代，可以维持地域自立的规划也是必要的，实际上在很多复兴规划方案中被提倡，但没有具体对策。

如反复强调的那样，过于庞大的复兴规划（防波堤，区划整理，抬高地基）妨碍居民达成共识，在不能与复兴规划接轨的情况下，地域居民被迫接受各种选择，其意向也在变化。地区的安全、安心为第一，不能出现一位牺牲者作为最大原则，重要的是确立多样且综合的防灾体制。这类规划也在许多复兴规划方案中提倡过，但没有具体的动向。

作为“图底”的住宅：基于地域生态系统的居住体系

比较容易理解的是临时住宅，灾后复兴住宅的规划和其居住区的风景。灾害复兴的住宅，简直和应对二战后大量住宅短缺而编制的住宅规划、居住区规划理念和方法如出一辙。

二战后，决定日本的住宅发展走向的是 51C。D51[9]，日本的民众也许耳熟能详了，所谓 51C 是 1951 年的 C 型，公营住宅的套型平面的型，即住宅的户型。此外还有 A 型、B 型，通过 C 型的设计，产生了 2DK 的模式（铃木成文，2006）。设计 15 坪（约 50m^2）左右的住宅时，吉武泰水（1916—2003）研究室就是把西山卯三（1911—1994）的“食寝分离”“隔离就寝”的原则作为基本方针。就是优先考虑将吃饭和睡觉的场所分离，产生了餐厅和厨房放在一起的创想（DK 型）。西山卯三，吉武泰水两位先生作为建筑规划学的创始人而广为人知。我也是从吉武研究所（建筑规划讲座）出来，被邀请到西山卯三先生创立的地域生活空间规划讲座的不肖弟子。关于城市组织研究，我多年来持续执著于住居集合形式和住居的基本型构成的街区、居住区的形式，也是基于这个背景。

这种 DK 厨卫模式首先被日本住宅公团的标准住宅模式所采用，在日本迅速得到普及。20 世纪 50 年代末至 60 年代，公团住宅居住者称之为“花之小区一族”，一时颇为流行，而且不仅是城市，也蔓延到农村、公团、公营住宅的小区的风景是二战后日本的象征。

东日本大地震的复兴，是否只要沿袭二战后复兴和随之产生的风景就可以呢？例如，住宅存量和户数相比空屋数庞大是现状。与住宅短缺 420 万套的二战后情况完全不同。期待与少子老龄化社会相适应的，基于地域传统的居住样式的提案。因此，临时建筑以及住宅区的建设，肩负着彰显地域未来蓝图的重任。有必要提示基于扎实的地域未来视角的共同生活的状态以及可持续的机制。

因此作为其出发点的是地域自然条件以及潜力，比照此次的受灾情况，加上之前灾害的历史进行确认。各个地区依据本地区的地形编制复兴规划是自然的。而且对应地域的气候条件也是前提，为此有必要学习历史形成的聚落、街道的形态。以及以低碳社会为目标，纳入地域和地区的自立循环的能源供给系统。

在少子老龄化社会，只以核心家庭模式为基础规划集合住宅的模式是不够的。就住宅区规划而言，应规划多样的共用空间。单身者共同生活的社会住宅的若干形态是必要的。在这种情形下，不仅有老年人居住，预留各世代共同生活的共用空间以及支撑它的各种机制是不可或缺的。

复兴住宅区的建设，容易成为复兴的象征，也容易形成若干新街区景观的核心景点。应成为目标的是地区特性的多样表达，为此，过去的街区，村落的景观成为很重要的线索。另一方面，在全部被冲毁的地区等，形成富有地域个性的核心的全新景观也是必要的。

居住空间是经过历史时间的积淀而形成的，是社区主体造城的结果，通过居民参加达成共识，以阶段性的切入为前提，居住者亲自参加环境的形成和维护管理的机制是有效的。因此要求弹性应对变化，对各种需求多样的应对。要实现这种具体而微的应对，社区建筑师的支援也是不可缺少的。

福岛（FUKUSHIMA）的风景

东日本大地震后的2011年、用了100天时间走访灾区调查，对大海啸使生态系统发生了怎样的改变进行了调研，留下了珍贵的记录（永幡嘉之，2012），变形的地貌、被侵蚀的河岸、被侵蚀的大地、海啸带来的奇观等，首先见证了巨大的变化。许多生物由于栖息地的毁灭而丧失生命，过去指定的濒于灭绝的生物中，生物种本身也有丧失的可能性。生物们的生态也传达了风景被扼杀之前，在它之前的风景不断被破坏的情况。

但是，另一方面，顽强生存下来海滨植物，以及留存幼树的黑松林等自然界的力量已被证实，还有水葵那样复活的水草。过去那里是水田地带绽放的夏季风物诗，而现在变成护岸的整备和塑料大棚群，看不到的稀少种类，如水葵的种子，深埋在水底的污泥中。此次大海啸惊扰了它的休眠而破土发芽的吧。没有想到在银蜻蜓群舞的地方相遇了。海啸后的水洼没有洒农药，正因为没有定期地抽水，水草才得以茂盛，培育了许多水虿。

大海啸让我们窥见了日本的第 2 景观层。

涸沼丝蜻蜓幸存下来，没有想到鳉鱼在繁衍，金钟儿在低鸣，见证了顽强的生命力。本来，随着各种动、植物增加，周围跻身于其中的种类也在增加，指向生态系统的恢复。这不正是所谓的应变能力吗?

另一方面，无疑这是新的生存竞争的开始，如外来种的跋扈。永幡嘉之（2012）认为“动植物的地域性灭绝不仅是海啸的影响，还有之前人类对环境的持续改变，到达地震之前的时间节点已经到了‘边缘的状态’是很大原因，把这些都归结为海啸‘不可预测’来掩饰的话，人类就不会面对现状进行反思了”。他还就复旧复兴事业建言“今后数年中要实施与所谓经历二战后 60 年发展而来的土木工程一样的事业。”“在复旧或复兴的名义下进行开发，可以说丧失的是作为土地个性的地域自然环境，变成千篇一律的公园，是从地域中人们的生活中夺去‘精神的财富’也是重大的损失”。

最后是“福岛”的风景。

福岛由于第一核电站泄漏，成为散发放射能的污染区，就其风景而言能说些什么呢?

所有的物质，即风景也好，生物也好，人类的身体也好，都是由原子构成的。而且原子是由带有负电荷的电子和带正电荷的原子核构成的，原子核有若干个核种（元素），根据核种放出放射线（α线、β线、γ射线等）引起称为放射性破坏的泄漏现象变成其他核种的也有。这种科学的见解，近半个世纪取得惊人的进展。原子核由质子和中子组成，它们又分别由更微小的单位，素粒子组成。素粒子又由夸克（6种）以及雷普顿（6种）组成费米子12种和传达力的波色子4种，以及2012年确认给予其存在的物质以质量的希格斯粒子共由17种组成。但是重力之谜至今还没有破解，另一方面宇宙的成立也被证明。例如，宇宙的年龄137亿年，然而38万年前的宇宙就是不可观测的了，宇宙还在膨胀。但是并没有全部搞清楚。在这其中，人类插手核能。最初想作为兵器使用的是原子弹。然后原子弹投到广岛、长崎，出现了人类没有见到的风景。又过了66年，我们再次收获的是“福岛”的风景。

“福岛”的风景，是人类无法插手的风景。

原子弹问题虽远超出本书讨论的范围，以“福岛”的风景为前提，所有的景观论，风景论都变得毫无意义了。为使其成立，人类和自然处在一定的关系中是前提条件。这一切肇始于 1938 年末至第二年，物理学家在实验室发现被照射的中性子的铀的核分裂，在理论上评价了放出的能量之巨大。而且始于得知由于被分裂的 2 个以上的中性子发生，就有连锁反应的可能性。以后不到百年的时间，人类发展到达出奇的境地。

但是，人类仍然还有未知的世界。素粒子以及宇宙论最高端的讨论，充满着要解析我们赖以生存的宇宙之谜知性的兴奋。但是仍然充满了谜团。而且这些科学的见解具体应用在人类的技术发展纬度不同。二战下的实验室的发现也没有想到要与原子弹、核电站结合起来。将其引向那个方向的是我们也是其构成成员之一的日本社会。

反核武器理论根据，让位给高木仁三郎一系列著作以及许多论证，在这里只列举山本义隆的一书[10]。年轻时就是日本物理学希望之星的山本义隆，当时我与他有日常见面的机会，他有关于科学技术的世界史三卷《磁力和重力的发现》1 ~ 3、《16 世纪文化革命》1 ~ 2、《世界观的转换》1 ~ 3、与我的《近代世界体系和殖民城市》（布野修司，2005），《格网城市》（布野修司，Juan Ramón， Jiménez Mantecón，2013）的主题虽有完全重合的地方，但也学到了很多东西。

问题并不是存在于为确保安全的标准、规范的条件，设计的不当，施工技术的失误等维度中。以核武器、核发电站的形式利用核能源的事情本身有问题。核废弃物处理的问题容易理解，单就这点就可以作为反核武器的充分根据。使用完的核燃料可以长时间进行冷却，再处理（将残存的铀抽出 235、239）的放射性废物必须离开人类生活圈，例如，地下数百米永久储藏管理。那里包含钚的生物半减期约为 2.4 万年，让它完全无害需要 50 万年的时间。50 万年的概念是需要回溯到智人起源的时间。低水平的放射性废弃物在维修的定期检查中发生，需要废炉。最终接受它的储藏地也没有了，处于集体无责任体制下的思考停滞状态。

而且支撑核电站的理论的核心存在着发生核分裂生成物（死灰）的问题。核电站也好，原子弹也好，能源的发生，是由于铀 235 或者核电站内制造的钚 239 的核分裂，由于核分裂减少的质量在千分之一以内，质子和中子的数量被保存。实际上分裂成锶 90、铯 137 等。这个核分裂生成物是“死灰”。持续数年不断放出对人体有害的放射线。通常的化学结合等不可回避，核的力量如此之强大，不是一个数量级的，打个比喻，炸天妇罗的温度是200℃，烧陶的温度是2000℃，至少不能控制在这个世界上生活的人类1000万℃的温度是事实。

还有认为核电站发电是洁净的，不产生碳酸气，这种说法在原理上是错误的，“死灰”的排放就是这样。铀矿石的开采到使用后的燃料再处理的全过程是阻止不了放射性物质向环境排放的。而且其过程所需要的能源是大量的石油——“原子弹是石油的罐头”。还有控制由核分裂产生能源的技术没有确立，此次不可挽回的大事故暴露了在此之前的各种事故。

总之，问题的核心是，推动核武器的开发，核的开发的国际政治的潮流直接是日美同盟，在其中推行核电站开发的日本政府和有关机关，以及支持它的能源产业界，还有称为“原子力村落”的官产学的社区。

山本义隆在福岛核电站事故发生的4年前写下以下的话(《16世纪文化革命》后记）。

“就原子炉而言，一个事故发生后就会带来可怕的影响，这早已被切尔诺贝利所证实过。这个事故的影响之大与之前的技术问题相比完全不是一个数量级的，至今仍不允许人进入到事故现场，从限制在附近地域居住就可以明白”。

不仅如此，即便是原子炉无事故地运转结束，也是被放射线污染过的废炉，含有大量的钚，在运转期间储蓄了放射性废物的同时，从人类的时间感觉来说不得不被半永久地隔离。

古代埃及的法老在沙漠建造的金字塔，罗马帝国皇帝们在地中海沿岸城市建造的构筑物，东洋的权力者在各地建造的寺院，以及中世纪日耳曼君主们在莱茵河畔留下的古城，都被作为观光的资源在活用。

但是 20 世纪和 21 世纪的人类——一部分“先进国家”——到处留下了废炉和放射性废弃物，几百年后人们被迫要研究对其进行封闭和防止泄漏放射线的对策。想起这个图景令人毛骨悚然。

寻找缩短放射性原子核的半减期的技术实在是难以想象。退一百步讲，即便假定未来找出其解决对策，也需要大量的造价和能源。总之，现代人使用受益的能源，其善后推给了子孙后代，这是对子孙的背信弃义吧？

长久以来一直在思考日本的景观，但在核电站问题上一筹莫展。当然景观或风景的问题就自然与人类关系，土地的形貌的问题，而是更加重要的。

如前所述，日本如以第 6 景观层形成目标的话，应该是一个不需要核电站的景观层，每个景观层的形成包含循环系统的景观，通过成为套盒状的一个层，创造出全新的景观层面。

“福岛”的风景，正是“杀风景的日本”。

Conclusion

结　语

结　语

有段经历成为我撰写本书的契机。

日本电视广播中有一个“菅原文太 日本人的功底”的节目。男主角菅原文太在各界邀请“具有脚踏实地的生活方式”的嘉宾，通过与嘉宾对谈的形式，探访日本原本应有的生活方式，以对谈节目进行宣传。2012 年 4 月以后改为插播节目（在现场直播的长时间节目的中途插入的节目）。我突然也被邀请作为该节目的嘉宾（2006 年 12 月 3 日播送）。通过当时担当《京都新闻》在“我的京都新闻批评” 记事的“景观和观光”中，我经常看到在京都摄影棚的菅原文太先生。在此之前，让我们看了出场的特邀嘉宾的名单。虽有些胆怯，但还借口说我原本就是文太的粉丝，厚着脸皮地进了演播室，出了一身冷汗，本书的起源出于那时的冷汗。

关于我的问题报道内容如下（《京都新闻》“我的京都新闻评论”，2006 年 10 月 8 日）：

“建设美丽的家园”是 9 月 26 日上任的安倍新内阁的口号，我认为，要建设“美丽的家园”就是影射逐渐变得不“美丽”的“国土”，具体的就是身边的城市景观。

一直以来京都存在着严重的景观问题，有报告称：实施景观法的同时意识到出现了新的课题，在眺望景观上出现的危机状况（“从鸭川看东山、京都御苑、二七眺望有必要采取紧急对策”，9 月 17 日晨报京都，滋贺综合版）。“景观是京东之空”对湖国近江来说景观无疑就是生命，从东海道山阳新干线可以看到的景观中，我觉得米原—京都之间最美丽，基于水利秩序的聚落景观被很好地保留下来。但是报告中称，滋贺这期间也经常反映县南部的公寓建设高潮中有景观问题（5 月 25 日晨报京都，滋贺社会版“点击滋贺”等），大津市中心街的区划整理顿挫（“确保地权者协议壁垒，关注景观，今后的重点”，9 月 18 日晨报证明了问题的根源）。

不可思议的是 2012 年 12 月 26 日，开始了第 2 届安倍内阁。由于安倍“混合和复兴泡沫计划”，建设业界，不动产业界有了生气。但是由于资材、工资的高涨导致招标失败，只以小公园的复兴而告终。我常想，那些生活在杀风景环境中的孩子是怀着怎样的心理度过并不短暂的人生呢?

在对谈之前，我阅读了当时的畅销书《建设美丽家园》（安倍晋三，中公新书，2006 年）。其中关于美丽的“国土”以及“城市”，关于风景、景观之类的情况只字未提。作为主题的只是日本人的“精神”问题。

菅原文太以低沉可怖的声音嘟囔道“回顾日本全国由于工作关系，逐渐变得不美了，日本的景观被破坏了，怎么办? 如何是好呢”? 从“景观被破坏了”的语气中我感到沉甸甸的分量。

菅原文太担心的是陶冶“情操”的“国土”的形态，“美丽”的景观。对此作为建筑、城市规划的专家应竭尽全力去应答。

我觉得为何景观被破坏已经有相应的答案了。

破坏景观的元凶是现代建筑的理念和手法。世界中到处都是同样的建筑、同样的建造方法是现代建筑的理念。具体来说，使用铁、玻璃和混凝土等工业化材料，四方盒子的攀登架那样的建筑是现代建筑，其结果世界各地的大城市都是同样的超高层林立。到处都是同样的工业材料建造，当然色彩也相似。从这样的话题开始徐徐展开，然后说明了现代以前的建筑都是采用各地可以采集的材料建造的，以及融入到各个地域的村、町的自然景观中留存至今，第一是使用了地域资源，战前日本各地都有完整保存的可以上溯江户时代的景观。但是战后接受了现代建筑理念，被破坏了。这时我想到日本列岛的景观应该通过大体的分层来回顾。

像本书总结的那样，现代建筑的理念和产业社会的样态本身是问题的根源，像是回答菅原文太口头提问那样进行了说明。我想起过去试图采访前川国男大师时突然问道“您所认为的现代建筑是什么” 瞬间他不知道如何作答的情形。

“那么，您如何看待京都火车站，我经常往来京都，但是不想在那个站下车”菅原文太直截了当地说道，语无伦次了。

我在京都住了 15 年，但是对“京都火车站”的评价上总是持有暧昧的态度。我认为它是世界上罕见的有特色的车站。我对以巨大的墙面将京都的景观南北割裂开来的批评持反对意见。我勉强地回答京都火车站致命的缺陷是没有绿色。

“您如何看待安藤的‘表参道之丘’”，菅原文太接二连三地发问。菅原文太对建筑相当精通。安藤先生被称为“关西三奇人”（安藤忠雄、毛纲毅旷、渡边平和）时起我就认识。表参道之丘的确在安藤的建筑中不太好评价。内部空间说不上来的憋屈，据说“好像不喜欢混凝土和玻璃，喜欢有厚重墙体的建筑，可以保存 500 年。法隆寺保存了很多年了”，我认为问题并非那么简单，但又不得不点头说“说得对”。铁、玻璃和混凝土等工业材料使得现代建筑成立，但是玻璃、水泥的制造需要大量的能源，要排放出导致温室效应的气体，而且说“破坏景观的责任一部分在于建筑师”，不得不承认确实如此。

《裸建筑师——城镇建筑师论绪论》一书，正是在这种思考的驱动下写就的。我思考了关于防灾问题以及景观问题中建筑师的新作用。之后便发生了日本公司的“抗震强度伪装事件”，有的读者反映正像《裸建筑师》中所预言的那样。但是如果都是如此，建筑师真的成为“皇帝的新衣”了，这才是可悲的事实。

如果只是停留在一味地批判那就什么都做不成了，我和年轻的伙伴们开始了“京都 CDL”活动。但是很是坎坷，面对产业化社会的巨大浪潮，建筑师究竟能做什么呢，我的思考聚焦在这个问题上。

菅原文太问道“如何是好”，我努力陈述在《裸建筑师》中自己的观点，但我觉得他并没有完全理解。主要是景观不是一朝一夕可以完成的，应有街区建设的长效机制，还有各个场所有持久居住的人群塑造街道景观，为此，需要“街区建设操作者”。但是“街区建设操作者”是什么人，具体做什么，一句话是难以说清楚的。

虽然迫在眉睫，但是要考虑景观问题，首先要将各种前提、条件、现状搞清楚。特别是围绕着景观问题简明易懂地把经历过的情况广泛传播是很必要的。结束对谈后，想对菅原文太说的话，应说的话不断涌现出来，把这些努力记录下来就是这本书。

关于本书付梓，首先要衷心地感谢京都大学学术出版会的铃木哲也先生。几本书都承蒙关照，为何做城市研究？为何做田野调查？想写的一定很多吧，以此来鼓动我。报答其鞭策的就是本书。在实际编辑作业中还得到永野祥子自始至终的帮助，以其新鲜的感性对整体的架构和文章细节的表达都给予了适切的建议，搁笔之际表示衷心的谢意。

注　释

序章

1　张世洋（1949-2002），汉城奥运会主体育场的建筑师金寿根去世（1987 年）后，代表韩国继承了建筑设计集团“空间社”。但十分惋惜，他也和师傅一样，之后在釜山亚运会体育场的建设中也因过劳去世了。张和我是同龄人，亲密的朋友，“出云建筑论坛”（第 1 章 4 节）的同僚们邀请他到过日本。

2　De Miritalized Zone，朝鲜半岛的 DMZ 是军事边界线（Military Demarcation Line）。

3　1993 年 8 月 2 日演讲“北朝鲜的建筑事情”，《空间》杂志，韩国首尔空间社。

4　德国出生的建筑师 Georg de Lalande（1872—1914）于 1903 年来日本，在日本各地留下了作品，神户的风见鸡之馆为人所熟知。被视为三岛由纪夫的《镜子之家》原型的建在东京信浓町的自宅，被移建保存在江户东京建筑园。没等到朝鲜总督府的竣工（1926 年）就去世了。

5　野村一郎（1868-1942），东京帝国大学造家学科毕业。除朝鲜外，也曾从事台北市的城市规划。

6　国枝博（1879-1943），东京帝国大学造家学科毕业。作为主任技师参与了日据时期原朝鲜总督府设计。以大阪为基地展开设计活动，作品有称为帝冠样式的滋贺县政府大楼等。

7　柳宗悦（1889-1961），在东京帝国大学期间加入白桦派，设立日本民艺馆（1936 年）。在《改造》杂志上发表“为失去的一朝鲜建筑”一文，引起很大的反响，光化门被移建保存。有《朝鲜和其艺术》《朝鲜的美术》《今日仍继续的朝鲜工艺》等。

8　今和次郎（1888-1973），东京美术学校图案科专业毕业，在早稻田大学建筑系执教，参加民居研究团体“白茅会”（1917 年），在朝鲜半岛从事民族调查（1922 年），关东大地震后设立“棚户区装饰社”。关于朝鲜总督府写有“总督府厅舍太过露骨”（《朝鲜和建筑》，1923 年 6 月）一文。

9　李氏朝鲜第三代国王太宗（1367-1422），初代国王李成桂第五子，本名李芳远。因构筑了李氏朝鲜的全盛期受到好评。治世内实施了世界最初的金属活字印刷（1403 年）；并且变更地名为可以加入山、河川等表达自然的汉字而广为人知。

10　第二十一代英祖（1724-1776），在李氏朝鲜历代国王中在位时期最长（52 年）。著有《御制警世问答》《为将必览》，还编纂了许多其他读物。

11　关于清溪川再生项目的内容有黄祺渊，边美里，罗泰俊（2006）；（财）岸线整备中心（2005）等编著。

12　2002 年在韩国 KBS 播放的《冬天的 sonada》的主人公居住的家，作为拍摄地而闻名。在日本也被播放，成为许多日本观光客人造访的地区。

13　日本建筑学会建筑计划委员会主持的，春季学术讲演会“城市、建筑的再生和建筑规划——韩国首尔的清溪河的复原和近现代建筑”于首尔汉阳大学，2006 年 6 月 2-4 日举行 (Hur-Young General

Director / Housing Bureau，Seoul Metropolitan Government “Cheong Gye Cheon Restoration Project- a revolution in Seoul -”)。

第一章

1 大和房屋工业株式会社，为战后婴儿潮时代的孩子开发了学习房间，1959 年开始销售。成为装配式住宅的起点，作为国立科学博物馆的重要科学技术史资料被记载。

2 妻木赖黄（1859—1916），工部大学造家学科毕业，师从于西亚 · 肯德尔。第二年与年长 5 岁的辰野金吾等 4 人同期毕业。是日本的近代建筑的草创期的建筑师之一。在东京府任职后，在议院（国会议事堂）的建设组织（内阁）临时建设局任职，是日本官厅的先驱建筑师。除主要的现存作品之外还有日本劝业银行（1899 年，现位于千叶），横滨正金银行本店（1904 年，现神奈川县立历史博物馆），山口县厅舍（1916 年）等。

3 “Mr. 建筑师——前川国男的激进主义”（布野修司，建筑论集 III，《国家、样式、技术——建筑的昭和》收录）。

4 建筑一般是通过建筑密度(占地面积与建筑面积的比)和容积率(占地面积与总建筑面积的比)来规定的。还有其他以高度限制来控制的。对“超高层”建筑而言，只要能保证容积率，高度是自由的。

5 设置公共利用的开放的公共空地（公开空地），对容积率、高度等规定放宽的制度。1970 年创设，《建筑基准法》第 59 条之 2 规定。具体的是什么条件放宽到什么程度，由具有许可权限的各特定行政厅制定标准。

6 在日本所有的建筑物（不满 $10m^2$ 的除外）建设时需要建筑确认的申请。各自治体设的建筑主任统管的部门（建筑指导课、土木事务所等）将申请与建筑基准法等法令进行比照，确认是否合适，认可后方可建设。在日本还没有建立赋予自治体许可、不许可权限的制度。

7 美浓部亮吉（1904-1984）。是以“天皇机关说”著名的美浓部达吉的长子，东京帝国大学经济学部毕业。作为师从大内兵卫的马克思主义经济学者为人所知。1967 年开始连续 3 届 12 年任东京都知事。制定公害防止条例，老年人医疗免费，废除公营赌博，废除都电，实施步行者天国等。著作有《独裁体制下的德国》《苦恼的民主主义》等。

8 曾祢达藏（1853-1937），工部大学校造家学科毕业，辰野金吾等第一届生四人中的一人，奠定了三菱商务街的基础。

9 中条精一郎（1868-1936），东京帝国大学造家学科毕业。通过都市事务所大楼的设计与曾祢达藏一起设计了日本邮船大厦、明治屋大厦、讲谈社大厦等，为城市景观的创造发挥了很大作用；庆应技术大学图书馆（1912 年）为重要文物。长女是宫本百合子。

10 内田详三（1885-1972），东京帝国大学建筑学科毕业。参与多项安田讲堂等京大校园内的建筑设计。1943 年就任第 14 届东京帝国大学校长（1945 年 12 月），命令学徒上阵。

11　Lombard Street 位于伦敦的金融街 (即所谓 The City) 的英国银行向东 300m 左右的街道。13 世纪末爱德华一世放逐了犹太血统的金融业者后，北意大利的伦巴第大商人移入进行贸易和兑换转账业务是其由来。

12　所谓市区修订就是我们今天说的都市规划（或者旧城改造项目）。都市规划（Town Planning）一词的出现并不久远。据 Robert Home（2001）所说，在英国最初使用城市规划一词是 1906 年，据说更超前的有澳大利亚建筑师 J. Saruman，其“城市配套”（*Laying out of the City*，1890）是城市规划最早的论文。在日本进入大正期后，都市规划的用语开始普遍使用，1919 年（大正 8 年）制定了城市规划法。

13　吉田铁郎（1894-1956），出生于富山县福野町，东京帝国大学建筑学科毕业。作为官厅建筑师在邮政省营缮课工作。邮政省还有比他早一年的前辈日本分离派建筑会的山田守。布鲁诺陶特赞美吉田设计的东京中央邮局为现代主义的杰作，大阪中央邮局也出自其手。战后在日本大学执教，*Das Japanische Wohnhaus (*1935），*Japanesche Architektur*（1952），*Der japanische Garten*（1957）等德语著作享誉欧洲。

14　“雅加达的春天”（1625-1697）。意大利和日本混血儿、由于海禁政策流放到巴达维亚的女性。从她自巴达维亚寄往日本的“雅加达文”的信中得知，在巴达维亚与东印度公司的职员结婚，生有三男四女，丈夫死后提起诉讼引渡到荷兰。见白石弘子 (2001)，《雅加达的春天的消息》，勉诚出版社；L · 布鲁塞尔 (1988)，《野丫头 Koruneria 的斗争》，栗原福也译，平凡社；等。

15　江户是人口百万的城市，其面积宽广，在其周边展开农耕生活。这样的城市形态，西欧世界认为没有城墙就不是城市，相对于西欧都市的图景称为“巨大的村落”。作为巨大的村落而定位的东京论中，有川添登的观点（1979），如发展中国家大城市经常有被称作“城中村 (urban village)”的地方，区别于亚洲和西欧城市的不同。

16　芦原义信（1918-2003），毕业于东京帝国大学工学部建筑学科。从业于坂仓准三建筑设计事务所，后到哈佛大学留学，在马塞尔布劳耶的事务所工作，回国后开设芦原建筑设计研究所。先后任法政大学、武藏野美术大学、东京大学教授 (1970-1979)。代表作有奥林匹克驹泽体育馆（1964 年）、国立历史民俗博物馆（1980 年）、松下大厦（1966 年）、东京艺术剧场（1990 年）等。

17　丹下健三（1913-2005），日本近代代表建筑师。藤森照信（2003）在《丹下健三》(新建筑社) 一书中整理了其全部生涯轨迹。

18　提出分形几何概念的是本华 · 曼德博（Benoît B. Mandelbrot,1924-2010），在数学上用 $\begin{cases} z_{n+1} = z_n^2 + c \\ z_0 = 0 \end{cases}$ 定义的复数数列 {Zn}$_n$ ∈ N 为 $n \rightarrow 8$ 的极限满足无限大不发散的条件的复素数 c 的整体创造的集合，称为 Mandelbrot 集合。

19　桢文彦（1928-），东京大学建筑学科毕业，哈佛大学大学院结业。东京大学教授（1979-1989）。作品有“名古屋大学丰田讲堂”“代官山集合住宅”“丘之庭院”“幕张 Messe”等。获普利兹克奖（1993），UIA（世界建筑师协会）金奖（1993），高松宫殿下纪念世界文化奖（1999），日本建筑学会大奖（2001），

AIA（美国建筑家协会）金奖（2011），日本艺术院奖·恩赐奖，文化功臣奖。著有《忽隐忽现的都市—从江户到东京》（1980）等。桢文彦为芦原义信先生的后任，我没直接受教于他，但是有机会近距离看到他指导设计。作为重视场地的历史、文化文脉的建筑师为人所知，著有学位论文为“群造型论”，代官山集合住宅业界评价很高。他是不仅重视建筑单体，也重视集合的形态的建筑师。

20 日本建筑家协会，《建筑师》(JIA Magazine)，2013 年 8 月。

21 Zaha Hadid（1950-2016），女建筑师，生于伊拉克巴格达，居住在英国。就读于 AA 学校，曾在 OMA 就职。作为解构主义的建筑旗手，接连不断接手新形态的建筑。近年的作品有“广州大剧院”“河畔博物館”“水上运动中心”等。

22 Primate City。指在一定的地域内具有压倒性人口规模的大城市，也译为首位都市。在东南亚，有菲律宾的马尼拉、泰国的曼谷、印尼的雅加达等。

23 Extended Metropolitan Region

24 鱼谷繁礼，丹羽哲矢，渡边菊真，布野修司 . 关于位于京都中心部的大規模集合住宅成立过程的考察 [J]. 日本建筑学会计画系论文集 ,2005,585:87-94; 关于京都都心部的街区类型及特性的考察 [J]. 日本建筑学会计画系论文集 ,2005,598:123-128。

25 为在基于的参观费中课税，京都市税条例的地方税制，正式称古都保护协力税（古都税）。有文化观光设施税（1956 年）的先例，由今川正彦市长推行 1985 年实施，遭到京都佛教会的反对，一部分社寺实行参观停止等，引起纠纷结果 1988 年被废除。

26 由东京帝国大学建筑学科毕业的建筑师们组成，当时的成员有石本喜久治、滝泽真弓、堀口舍己、森田庆一、山田守、矢田茂 6 人，通过其活动开始了日本现代建筑运动，其名字源于维也纳分离派。

27 山田守（1894-1966），东京帝国大学毕业后进入邮政省营缮课，担任邮政局、电话局的设计。东京中央电信局（1925 年）受到采访，作品有东京邮政医院（1937 年）等，关东大地震后隶属复兴局土木部，从事永代桥、圣桥等桥梁的设计，战后不久独立（山田守建筑事务所），参与设立东海大学工学部建筑工学科。代表作有京都塔（1964 年）等，东京厚生年金医院（1957 年），日本武道馆（1964 年）等。

28 在第 4 届世界博览会上 G·埃菲尔的设计的方案为纪念法国革命 100 周年而建。埃菲尔为结构工程师，设计了许多车站、桥梁，也有西贡中央邮局等海外作品，埃菲尔塔在建筑当时，受到画家、雕刻家、作家等艺术家的“无用而丑陋”“如同巨大的工场黑烟囱”“令人眩晕地俯视着巴黎的愚蠢塔”等诽谤。

29 伦佐·皮亚诺、理查德·罗杰斯的设计，1977 年开馆，建筑的结构、电气、水道、空调等设备的配管、楼梯、电梯也都暴露在外面的表达受到谴责。

30 “女红场”是明治初期在全国建造的女子学习的设施。1872 年创设的八坂女红场为雏形，1902 年改为财团法人，1951 年改为学校法人。

31 下田菊太郎（1866-1931），工部大学造家学科毕业，在芝加哥师从丹尼尔·哈德逊伯翰。作品有香港上海银行长崎支店（现旧香港上海银行长崎支店纪念馆，1904 年，重要文物）等；著书有《思想和建筑》

（1933）。林青梧《文明开化的光和影　建筑师 下田菊太郎传》（相模书房，1981）等记述了其事迹。

32　道登（生没年不详）。在《日本书记》中同僧旻等一起提到的“十师”僧之一。架设宇治桥一说是来自放生院的宇治桥断碑记载。在《续日本紀》中被视为道昭的功绩，实际情况不明。

33　彰国社发行。1964 年 4 月创刊—2004 年 12 月停刊（通卷六七四号）。

34　Private Financed Initiative。

35　松下电气产业主办的国际研讨会“环境的场地设计”主题讲演，克里斯托佛·亚历山大，原广司，市川浩，布野修司（主持），1991 年 2 月 26 日；“城市的场地设计”主题讲演，M Hutchinson, 木岛安史，伊藤俊治，山本理显（主持），27 日；“住居的场地设计”，主题讲演，Lucien Kroll, 大野胜彦，小松和彦，安藤正雄（主持），28 日；以上为契机组成的系列通称 AF。刊载了建筑思潮 I《未踏的世紀末》（1991），建筑思潮 II《灭绝的都市》（1993），建筑思潮 III《亚洲的梦幻》（1994），建筑思潮 IV《破坏的現象学》（1996），建筑思潮 V《漂流的风景》(1997）。

36　张世洋、伊丹润、韩三建、姜惠京、藤井惠介、高松伸，朝鲜文化给予日本的东西”，出云建筑论坛，于：出云大社，1992 年 11 月 1 日。

37　在《出云风土记》的开头“意宇郡”的最初。八束水臣津野命将剩余的土地分成志罗纪（新罗），北门佐岐（隐岐道前），北门里波（隐岐道后），高志（越），大山和三瓶山以绳为界互相依存的就是现在的岛根半岛，拉住国家的网是薗之长滨（稻佐之浜）和弓滨半岛。来自斐伊川的土砂将海面上的岛与陆地连接在一起被神话了。

38　园山俊二（1935-1993），和福地泡介，东海林 sadao 一起被称为“早大漫研三羽鸟”。被《加油，设计竞赛》（1958）杂志采访。除《山林小猎人》外还有《爱的故事》《国境二人》《流浪的赌徒》等。娘家经营的《园山书店》，位于从宍道湖到大桥川流入口，大桥南诘桥下。

39　小林如泥（1753-1813），生于松江的大工町，木彫、木工师。通称安左卫门，经常醉如烂泥，由此得名如泥。

40　松江藩第七代藩主松平治乡（1751-1818），江户时代代表茶人之一。号为不昧。出自其手的茶室有菅田庵、明々庵。

41　传说堀尾吉晴为建設松江城架设大桥渡江时，工程梗阻，为平息河神的愤怒，把经常来往这里的源助活埋在桥墩下。

第二章

1　三好学（1862-1939），植物学家，东京帝国大学理学部生物学科毕业。德国莱比锡大学留学后，任东京帝国大学教授。从事樱、菖蒲的研究而有名。地理学家辻村太郎（1937）在《景观地理学讲话》中称“景观”一词是三好学创造的。

2　南朝宋的刘义庆编纂的从后汉到东晋末的《逸话集》，简称《世说》，也称《世说新书》。江户时代介绍到日本也出版了和刻本。

3　Joahim Patinir（1480-1524），居住在安特卫普。在巨幅的风景构图中描绘了“历史绘画”，如“逃往埃及”“基督教的先例”等。

4　Hieronimus Bosch（1450-1516），以“快乐园”作品著名，被菲利普二世所喜好。

5　Peter Bruegel de Oude (1525-1569)，出生地不明，以安特卫普为中心活动。其作品“巴别塔”(1563)十分著名，以农民生活为题材的绘画很多，也被誉为农民画家。

6　Albrecht Dürer（1471-1528），生于纽伦堡。不仅是画家、版画家，也是数学家，理想都市规划的提案者而著名。是约阿希姆・帕提尼尔的朋友，画了其肖像画。同时留下许多自画像，以肖像画出名，在意大利旅行时留下许多水彩风景画。版画系列有“大受难传”“圣母传”“黙示录”等。

7　“第一章　始于艺术家 6: Albrecht Dürer”。山本义隆（2007），《16 世紀文化革命》1，misizu 书房。

8　亲鸾“自然法尔章”。“自者：自然而然，非行者之计度。然者：所令然。法尔自然都是。”所谓自然净土宗开山祖源空由“法尔自然”取名法然。

9　郭璞（276-324），晋朝理论家、文学家。通晓五行、天文、卜筮等所有占术，作为古典造诣深的博学者而广为人知。从《尔雅》《方言》《山海经》的注释中得知。诗歌作品有《游仙诗》《江赋》等。

10　管辂（208-256），作为三国时代的占师而有名，在《三国演义》中作为预言刘备之死的占卜者出现。

11　全冥编（1999）等。

12　道诜 (827—898)，新罗晞阳县玉龙寺的僧人，俗姓金，出生于全罗道灵严，据说是武烈王的子孙。精通风水说，指出了开城选址的优越性，预言了高丽的建国，在高丽时代，其学说受到很高的评价并采用。

13　《剧场都市——古代中国的世界图景》(1981)，《桃花源的梦想——古代中国的反剧场都市》(1984)，《园林都市——中世中国的世界图景》(1985)，《干泻幻想——中世中国的反园林都市》（1992），《监狱都市——中世中国的世界戏剧和革命》（1994），《游荡都市——中世中国的神话・喜剧・风景》（1996）都出版于三省堂。

14　所谓潇湘是指从洞庭湖到潇水与湘水合流附近的湖南省长沙一带。这里风光明媚，有各种各样的传说和神話。桃花源的传说也出于这一带。北宋的官僚宋迪描写的潇湘八景是山水画代表的画题。徽宗送去宫廷画家让其追索这个画题，自己也画了十二景。

15　志贺重昂（1863-1927），生于爱知县冈崎，毕业于札幌农学校。在长野县立长野中学植物学科任教，并在师范学校教授地理科；到东京后，在丸善就职；在海军兵学校乘练习舰时，考察了巨文岛、对马；出版《南洋时事》(1886)；后在东京英语学校教授地理学。之后，组织政教社（1888 年），创刊机关报《日本人》。成立《日本俱乐部》（1889 年），出版《日本风景论》是在甲午（日清）战争开战年 (1894 年)。1902 年，作为政友会的立候补成为众议员。1911 年，任早稻田大学教授。

16　上原敬二 (1889—1981)，生于东京，东京帝国大学农学部林学学科毕业。留美后在帝国复兴院等工作，作为造园家活跃在第一线，被誉为日本的造园学的创始人，战后在东京农业大学任教授。

17　《人文地理》，三四～三五，1982 年。

18　《风土》，岩波文库。

19　《以‘世界单位’看世界——地域研究的视角》，京都大学学术出版会；《多文明世界的构图——思考超近代的基本原理》，中公新书；《世界单位论》，京都大学学术出版会等。

20　H. Martens. Der optische Masstab in den bildenden Kuensten[M]. Berlin: Wasmuth, 1884。

21　清水嘉吉，富山出身的第一代清水嘉助 (1783-1859)，参加日光东照宫的修缮后，在江户神田创业清水组（1804 年）；第二代继续从井伊直弼那承包了开港场横滨的外国奉行所等；养子清七继第二代后，于明治元年 (1868 年) 建造了筑地饭店，并于 1915 年成立了合资公司清水组，即今日的清水建设的前身。

22　Oxford English Dictionary（OED）。

23　“为解决景观纠纷”(安彦一惠，佐藤康邦，2002)。

24　Carl Troll（1899-1975），德国地理学家。景观为地理学的中心概念，提倡综合把握植物、气候、地形和人类的关系。历任波恩大学校长、国际地理学会会长。

25　Ernst Heinrich Philipp August Haeckel（1834-1919），德国的生物学家、哲学家。其著书许多被译为日文。《生物令人惊异的形》等作为生物画家的作品评价很高。

第三章

1　“营造丰富风景的哲学目不暇接”（西村幸夫，伊藤毅，中井祐，2012）

2　在中国古代，被认为理想的田制是“井田制”。划分成方一里（300 步）的“井”字形，即划分 3×3 = 9，且 100 步 ×100 步的正方形（九宫格），然后，其中央 100 亩（100 步 ×100 步）的区块为公田，剩下的 8 个区块每 100 亩为 8 家的私田，其空间划分（土地划分）的模式非常清晰。据说是由《周礼》的作者周公旦整理，因《孟子》采纳的而广为人知。但是“井田制”是否真的存在还有疑问。

3　平户的荷兰商馆是 1609 年设置的。第一代馆长是后来成为巴达维亚总督（第六代）的 Jacques Specx。被复原的是 1639 年建造的石造仓库，这个仓库的封檐板上刻有公历年号，以此为借口，完成不久即被拆毁。平户的荷兰商馆 1641 年关闭，转移到长崎出岛。

4　reinforced concrete construction，混凝土，作为建筑材料从古代罗马就开始使用了。广义指由水泥类、石灰、石膏等无机质以及沥青，塑料等有机质的结合材料，砂、砾石、碎石等骨料搅拌在一起的混合物以及硬化的物质。所谓水泥原来意为物与物的结合或者有黏结性质的物质，其使用本身历史很久远，最早的水泥是建造金字塔使用的烧石膏 $CaSO_4$，H_2O 和砂子混合的砂浆。

5　Auguste Perret（1874-1954），生于布鲁塞尔。作为探索钢筋混凝土结构建筑的细部和结构，最早展示其可能性的建筑师而受到好评。此外还留下香榭丽舍剧场（1913 年）、兰西教堂（1923 年）等作品。

6　田边朔郎（1861-1944），生于江户。工部大学校毕业。因琵琶湖疏水，蹴上水力发电站的建设而有名的土木学者。历任东京帝国大学教授、京都帝国大学教授、京都帝国大学工科大学校长。

7　真岛健三郎（1873-1941），生于香川，札幌农学校毕业后，留学德国。作为日本海军技师活跃。作为钢筋混凝土结构的先驱者业绩斐然，有著名的柔结构理论。

8　白石真治（1857-1919），生于高知。东京帝国大学土木学科毕业。就职于农商务省、东京府，后赴美国留学。曾任东京帝国大学教授，关西铁道会社社长。

9　佐野利器（1880-1956），出生于山形。东京帝国大学建筑学科毕业，先后任讲师、副教授，“房屋耐震结构论”方向工学博士，1915 年就任教授。被认为奠定了日本建筑结构学的基础，还对《都市规划法》《市区建筑物法》的制定（1919 年）有贡献。1920 年就任日本大学工学部工学部长；关东大地震后任帝都复兴院理事、建设局长，推进复兴事业、土地区划整理事业。1929-1832 年，担任清水组副社长，战后复兴建設技术协会会长等。

10　成为“明治日本产业革命遗产九州、山口等相关地区”的构成资产。

11　在都市规划法中规定，将地区规划和“集落地区规划”“沿道整治规划”“防灾街区整治地区规划”一起制定。都市规划法第十二条之四第一项第一号规定了基于住民协议，诱导符合每个地区特性的规划建设。地区规划制度，参考了德国 B 规划 Bebauungs Plan 制度等， 1980 年在修订都市规划法及建筑基准法的基础上创立的。

12　山本义隆，《磁力和重力的发现》1、2、3，misizu 书房，2003；《16 世紀文化革命》1、2，misizu 书房，2007；《世界看法的转变》1、2、3，misizu 书房，2014。

13　美国原副总统艾伯特 · 戈尔主演的电影，获第 79 界奥斯卡奖长篇纪念电影奖、歌曲奖。艾伯特 · 戈尔因对环境问题的启发有贡献获诺贝尔和平奖。艾伯特 · 戈尔 . 2007. 不方便的真实——紧迫的地球温暖化，我们可以做什么 [M]. 枝广淳子，译 . 日本武田兰登书屋。

14　关于景观法，有景观城市建设研究所等。

15　实际文本如下：该法律，是为促进我国都市、农山渔村等形成良好景观，综合制定景观规划及其他实施政策，为形成国土的美丽风格，实现创造丰润生活环境及有个性和活力的地域社会，提高国民生活水准、健全发展国民经济及地域社会为目标。

16　实际的文本如下：①良好的景观，是形成国土美丽风格和创造丰润的生活环境不可或缺的。作为国民共同的资产，为使国民現在及未来都能享受其惠泽，就要对其进行整备及保护。②良好的景观，是通过地域的自然、历史、文化等与人们的生活、经济活动协调实现的，为此，让其通过在适当的限制下协调土地利用，达到其整治和保护的目的。③良好的景观，与地域固有特性有密切的关联，因此，基于地域居民的意向，让各地域的个性和特色得以发展，就必须是多样性的形成。④良好的景观，承担着促进观光以及地域间的交流的巨大作用，因此，要有利于地域的活化，地方公共团体、事业者及居民，要朝着形成的目标一元化地推进；⑤良好的景观形成，不仅保护现有的良好景观，还要创造新的良好景观，作为目标去发展。

17　景观法中做了以下的定义：①认为目前有必要保护某个良好景观的土地区域；②从地域的自然、历史、文化等来看。是符合地域特性形成良好景观的，认为有必要的区域；③成为地域间交流据点的土地区域，可资促进该交流的良好景观形成，认为有必要的；④进行住宅市区开发及其他建筑或其基地的整治有关事业以及进行的土地区域，认为形成新的良好景观是有必要的；⑤从地域的土地利用的动向等来看，认为有形成不良景观的危险的区域。

18　2006 年，滋贺县近江八幡市的“近江八幡的水乡”是重要文化的景观第 1 例。之后，2014 年 3 月至今共选出 43 例。

19　阪神淡路大地震发生是很大原因。无暇顾及景观，优先考虑“安全、安心”。被引入的是第三方机关出台“确认审查”制度，其发展产生了“伪抗震”的问题。

20　Commission for Architecture and the Built Environment，CABE。是 1924 年设立的皇家美术委员会，以改组 the Royal Fine Art Comission 的形式设立。决定其方向的是时任会长理查德 · 罗杰斯 (Richard George Rogers)。

终章

1　“海啸遭遇记”，出自《misizu》，misizu 书房，2005 年 3 月。

2　Shuji Funo，Yasushi TAKEUCHI, et al. 2009. Report to UNESCO Jakarta, Damage Assessment on Cultural Heritage in West Sumatra. National Research Institute for Cultural Properties, Tokyo.

3　2012 年，特定非营利活动法人（NPO）发展为复兴街区建设研究所。

4　《特定非营利活动促进法》，1998 年 3 月。

5　首先，开启南北的东北机动车道一国道四号，以此为动脉恢复通往沿海部的东西道路的干道的活动，受灾后一周内基本可以通行了。

6　Resilient，译为反弹、跳回、弹力、弹性、恢复元气等。面对企业、组织的瘫痪状态时，把受影响范围控制到最小，和往常一样，持续提供产品、服务的能力，称为应变能力。

7　Ian L Macharg（1920-2001），出生于格拉斯哥，哈佛大学设计系毕业。美国造园学者，在宾夕法尼亚大学创设景观建筑学地域规划系。出版《设计结合自然》(*Design with Nature*)。John Wiley & Sons，1967; 下河边淳，川濑笃美，译 . 集文社，1994 年（日文版）。

8　由日本建筑学会的东日本大地震复旧复兴部会的会长总结归纳。

9　是单缸两气筒过热牵连式蒸汽机车，太平洋战争中由铁道部设计，主要用于货运，被大量生产，包括内燃机车和电力机车在内，日本机动车此种型号台数达到最高纪录，这个记录至今没有被刷新，不亚于 51C 的量产。

10　山本义隆 . 2011. 关于福岛核电站事故的思考和启发 [M]. MISIZU 书房。